总主编 伍 江 副总主编 雷星晖

李培振 吕西林 **著**

结构—地基动力相互作用体系的
振动台试验及计算模拟分析

Shaking Table Testing and Computer Analysis on
Dynamic Soil-Structure Interation System

同济大学 **出版社**
TONGJI UNIVERSITY PRESS

内 容 提 要

本书采用振动台模型试验和数值计算方法研究地震荷载下高层建筑结构-地基动力相互作用的有关规律，从实验和计算分析相结合的角度探讨地基土液化对桩基高层建筑地震反应的影响。

本书适合相关专业高校师生、研究人员阅读。

图书在版编目(CIP)数据

结构-地基动力相互作用体系的振动台试验及计算模拟分析 / 李培振，吕西林著. —上海：同济大学出版社，2018.11

(同济博士论丛 / 伍江总主编)

ISBN 978 - 7 - 5608 - 8175 - 1

I. ①结… Ⅱ. ①李… ②吕… Ⅲ. ①地震模拟试验—振动台试验—研究 Ⅳ. ①P315.8

中国版本图书馆 CIP 数据核字(2018)第 226656 号

结构-地基动力相互作用体系的振动台试验及计算模拟分析

李培振　吕西林　著

出 品 人　华春荣　　　责任编辑　熊磊丽　　　助理编辑　吴敬醒
责任校对　谢卫奋　　　封面设计　陈益平

出版发行　同济大学出版社　　www.tongjipress.com.cn
　　　　　(地址：上海市四平路1239号　邮编：200092　电话：021 - 65985622)
经　　销　全国各地新华书店
排版制作　南京展望文化发展有限公司
印　　刷　浙江广育爱多印务有限公司
开　　本　787 mm×1092 mm　　1/16
印　　张　13
字　　数　260 000
版　　次　2018 年 11 月第 1 版　　2018 年 11 月第 1 次印刷
书　　号　ISBN 978 - 7 - 5608 - 8175 - 1

定　　价　62.00 元

"同济博士论丛"编写领导小组

组　　　长：杨贤金　钟志华

副 组 长：伍　江　江　波

成　　　员：方守恩　蔡达峰　马锦明　姜富明　吴志强
　　　　　　徐建平　吕培明　顾祥林　雷星晖

办公室成员：李　兰　华春荣　段存广　姚建中

袁万城　莫天伟　夏四清　顾　明　顾祥林　钱梦騄
徐　政　徐　鉴　徐立鸿　徐亚伟　凌建明　高乃云
郭忠印　唐子来　闾耀保　黄一如　黄宏伟　黄茂松
戚正武　彭正龙　葛耀君　董德存　蒋昌俊　韩传峰
童小华　曾国荪　楼梦麟　路秉杰　蔡永洁　蔡克峰
薛　雷　霍佳震

秘书组成员：谢永生　赵泽毓　熊磊丽　胡晗欣　卢元姗　蒋卓文

总　序

在同济大学110周年华诞之际,喜闻"同济博士论丛"将正式出版发行,倍感欣慰。记得在100周年校庆时,我曾以《百年同济,大学对社会的承诺》为题作了演讲,如今看到付梓的"同济博士论丛",我想这就是大学对社会承诺的一种体现。这110部学术著作不仅包含了同济大学近10年100多位优秀博士研究生的学术科研成果,也展现了同济大学围绕国家战略开展学科建设、发展自我特色,向建设世界一流大学的目标迈出的坚实步伐。

坐落于东海之滨的同济大学,历经110年历史风云,承古续今、汇聚东西,秉持"与祖国同行、以科教济世"的理念,发扬自强不息、追求卓越的精神,在复兴中华的征程中同舟共济、砥砺前行,谱写了一幅幅辉煌壮美的篇章。创校至今,同济大学培养了数十万工作在祖国各条战线上的人才,包括人们常提到的贝时璋、李国豪、裘法祖、吴孟超等一批著名教授。正是这些专家学者培养了一代又一代的博士研究生,薪火相传,将同济大学的科学研究和学科建设一步步推向高峰。

大学有其社会责任,她的社会责任就是融入国家的创新体系之中,成为国家创新战略的实践者。党的十八大以来,以习近平同志为核心的党中央高度重视科技创新,对实施创新驱动发展战略作出一系列重大决策部署。党的十八届五中全会把创新发展作为五大发展理念之首,强调创新是引领发展的第一动力,要求充分发挥科技创新在全面创新中的引领作用。要把创新驱动发展作为国家的优先战略,以科技创新为核心带动全面创新,以体制机制改革激发创新活力，以高效率的创新体系支撑高水平的创新型国家建设。作为人才培养和科技创新的重要平台，大学是国家创新体系的重要组成部分。同济大学理当围绕国家战略目标的实现，作出更大的贡献。

大学的根本任务是培养人才，同济大学走出了一条特色鲜明的道路。无论是本科教育、研究生教育，还是这些年摸索总结出的导师制、人才培养特区，"卓越人才培养"的做法取得了很好的成绩。聚焦创新驱动转型发展战略，同济大学推进科研管理体系改革和重大科研基地平台建设。以贯穿人才培养全过程的一流创新创业教育助力创新驱动发展战略，实现创新创业教育的全覆盖，培养具有一流创新力、组织力和行动力的卓越人才。"同济博士论丛"的出版不仅是对同济大学人才培养成果的集中展示，更将进一步推动同济大学围绕国家战略开展学科建设、发展自我特色、明确大学定位、培养创新人才。

面对新形势、新任务、新挑战，我们必须增强忧患意识，扎根中国大地，朝着建设世界一流大学的目标，深化改革，勠力前行！

万　钢

2017 年 5 月

论丛前言

承古续今，汇聚东西，百年同济秉持"与祖国同行、以科教济世"的理念，注重人才培养、科学研究、社会服务、文化传承创新和国际合作交流，自强不息，追求卓越。特别是近20年来，同济大学坚持把论文写在祖国的大地上，各学科都培养了一大批博士优秀人才，发表了数以千计的学术研究论文。这些论文不但反映了同济大学培养人才能力和学术研究的水平，而且也促进了学科的发展和国家的建设。多年来，我一直希望能有机会将我们同济大学的优秀博士论文集中整理，分类出版，让更多的读者获得分享。值此同济大学110周年校庆之际，在学校的支持下，"同济博士论丛"得以顺利出版。

"同济博士论丛"的出版组织工作启动于2016年9月，计划在同济大学110周年校庆之际出版110部同济大学的优秀博士论文。我们在数千篇博士论文中，聚焦于2005—2016年十多年间的优秀博士学位论文430余篇，经各院系征询，导师和博士积极响应并同意，遴选出近170篇，涵盖了同济的大部分学科：土木工程、城乡规划学（含建筑、风景园林）、海洋科学、交通运输工程、车辆工程、环境科学与工程、数学、材料工程、测绘科学与工程、机械工程、计算机科学与技术、医学、工程管理、哲学等。作为"同济博士论丛"出版工程的开端，在校庆之际首批集中出版110余部，其余也将陆续出版。

博士学位论文是反映博士研究生培养质量的重要方面。同济大学一直将立德树人作为根本任务，把培养高素质人才摆在首位，认真探索全面提高博士研究生质量的有效途径和机制。因此，"同济博士论丛"的出版集中展示同济大学博士研究生培养与科研成果,体现对同济大学学术文化的传承。

"同济博士论丛"作为重要的科研文献资源,系统、全面、具体地反映了同济大学各学科专业前沿领域的科研成果和发展状况。它的出版是扩大传播同济科研成果和学术影响力的重要途径。博士论文的研究对象中不少是"国家自然科学基金"等科研基金资助的项目,具有明确的创新性和学术性,具有极高的学术价值,对我国的经济、文化、社会发展具有一定的理论和实践指导意义。

"同济博士论丛"的出版,将会调动同济广大科研人员的积极性,促进多学科学术交流、加速人才的发掘和人才的成长,有助于提高同济在国内外的竞争力,为实现同济大学扎根中国大地,建设世界一流大学的目标愿景做好基础性工作。

虽然同济已经发展成为一所特色鲜明、具有国际影响力的综合性、研究型大学,但与世界一流大学之间仍然存在着一定差距。"同济博士论丛"所反映的学术水平需要不断提高,同时在很短的时间内编辑出版 110 余部著作,必然存在一些不足之处,恳请广大学者,特别是有关专家提出批评,为提高同济人才培养质量和同济的学科建设提供宝贵意见。

最后感谢研究生院、出版社以及各院系的协作与支持。希望"同济博士论丛"能持续出版,并借助新媒体以电子书、知识库等多种方式呈现,以期成为展现同济学术成果、服务社会的一个可持续的出版品牌。为继续扎根中国大地,培育卓越英才,建设世界一流大学服务。

伍 江

2017 年 5 月

前　言

　　结构-地基动力相互作用(SSI)对于正确预测软土地区的结构地震反应有非常重要的意义,这是当前地震工程研究领域里一个热点,也是一个难点。本书采用振动台模型试验和数值计算方法研究了地震荷载下高层建筑结构-地基动力相互作用的有关规律,并探讨了地基土液化对桩基高层建筑地震反应的影响。本书主要进行了以下工作:

　　(1) 在查阅大量国内外文献的基础上,总结并简要评述了关于 SSI 的理论、试验分析方法,概述了目前研究中还存在的一些问题。

　　(2) 进行了均匀土-箱基-单柱结构及分层土-箱基-高层框架结构动力相互作用体系振动台模型试验,分析了主要试验现象、主要试验结果和规律。试验中采用柔性盛土容器来减小土箱边界效应。

　　(3) 采用 ANSYS 程序对试验结果进行了验证,分析表明:所建立的三维有限元模型可较好地模拟振动台试验。计算中成功地将土体等效线性化模型并入 ANSYS 程序,考虑了土体与结构交界面的接触效应,合理地模拟了柔性容器,考虑了重力的影响。计算得出的规律与试验结果基本一致,主要有:① 箱基基础底面、侧面发生了土与基础接触面的脱离、滑移现象;② 土体的材料非线性对土体和上部结构的地震反应有较大影响,而接触面效应对上部结构的地震反应有一定的影响,对土体基本没有影响;③ 软土地基对地震动起滤波和隔震作用;④ 在软土地基时,考虑基础转动和平动十分必要;⑤ 基础处的有效地震动输入比自由场地震动小;⑥ 竖向地震动对相互作用体系动力反应规律没有明显的影响。

（4）进行了高层建筑实际工程的结构-地基动力相互作用的计算分析。介绍了黏-弹性人工边界及其在 ANSYS 程序中的实现，进行了有关的参数分析。参数分析表明：① 土体纵向边界取 5 倍结构纵向尺寸，土体横向边界取 10 倍结构横向尺寸，并在横向边界处施加黏-弹性人工边界，可较好地模拟无限域土体；② 考虑相互作用后，体系的频率比刚性地基时降低，上部结构的位移反应增加，而加速度反应、最大层间剪力、最大倾覆力矩均比刚性地基时减小；③ 上部结构刚度、上部结构形式、地震激励、土性、基础埋深以及基础形式等参数对相互作用体系的动力特性和地震反应有较大的影响。

（5）为了研究地基土液化时对桩基高层建筑体系地震反应的影响，简要介绍了分时段等效线性有效应力动力分析方法，且将其中的等效线性化方法改进为逐步叠代非线性方法，并利用 ANSYS 程序的参数化设计语言将这一分析方法并入 ANSYS 程序中，最后分析了液化时桩基-高层建筑体系的地震反应。对于单层砂土-桩基-高层建筑体系来说，砂土的液化对上部结构地震反应有较大的影响；而对于本书采用的上海土-桩基-高层建筑体系来说，砂土层的液化未对上部结构的地震反应产生明显的影响。

目　录

第 1 章

绪 论

1.1 引 言

    地震作为一种重大的自然灾害,给人类带来的灾难不仅仅是山崩地裂、房屋倒塌,还有生产的破坏、人员的伤亡,给人类社会造成巨大的损失。因此,研究建筑物在地震作用下的反应,以便在设计过程中提高建筑物的抗震性能,成为摆在工程科技人员面前的一个重要课题。

    传统的分析方法假设地基为刚性,即不考虑结构和地基的动力相互作用。这种方法比较简单,但不符合实际情况。对于大型建筑,如高层建筑、核电站、海洋平台及大型水坝或类似工程,由于地基的柔性和无限性,使得按刚性地基假定计算出来的结构动力特性和动力反应,与将地基和结构作为一个整体计算出来的结果有所不同。显然,由于结构和地基的振动和变形是相互联系的,它们之间必然存在相互作用。而且随着建筑物的增大,相互作用越来越明显。因此,有必要在抗震计算中考虑相互作用。现在计算手段越来越先进,也使考虑相互作用的抗震计算成为可能。所谓动力相互作用是指当建筑物受地震或其他形式的动载作用而振动时,上部结构的振动惯性力必然要通过基础传给地基,从而引起地基的振动和变形或使地基的振动和变形发生改变,而地基的振动和变形又反过来影响结构的振动和变形。

    一般认为,土和结构的动力相互作用主要表现在两个方面:① 改变结构周围地基土的运动。由于结构的反馈作用将改变地基运动的频谱组成,使接近结构自振频率的成分得到加强;同时,地基的加速度幅值同无结构存在时(即所谓自由场运动)相比要小一些。② 改变结构的动力特性。考虑地基的变形相当于认为体系刚度降低,所以基本周期要延长。此外,在考虑相互作用时,结构振动能量的一部分会通过地基传播出去而耗散掉。这相当于结构的阻尼增大，会使结构的振动位移有减小的趋势，但考虑地基的变形时基础的摆动又会使变形显著增大，引起 P～△效应，故相互作用的最终结果要根据结构和地基的实际情况进行分析。地基和结构的动力相互作用已被许多震害现象所证实。如1985年墨西哥地震，墨西哥城中6～19层的建筑破坏严重，全部倒塌的房屋达400多幢。而墨西哥城距震中却很远，有400多公里。相反，比墨西哥城离震源更近的地方的同样建筑物破坏却没有这么严重。原因主要是墨西哥城的地基属于高塑性软土，土与高层建筑组成的体系自振周期较大，频率较低，与远道而来的滤去了高频分量、低频分量占主导地位的地震波具备了共振条件。因此，在抗震计算中，应尽可能考虑地基和结构的动力相互作用的问题。

《建筑抗震设计规范》（GBJ50011—2001）注意到相互作用的影响，并在抗震计算中得到部分考虑。如第3.2.3条、3.2.4条和附录A把建筑工程的设计地震分为三组（相当于89规范设计近震和远震），可更好地体现震中距的影响；第4章中又根据土层的剪切波速对场地土进行了分类等。不过《建筑抗震设计规范》对结构的抗震设计仍然采用反应谱法，对于一些重要的建筑物，仅仅按反应谱法进行抗震计算是不够的。这是由于直接用规范反应谱不能很好地符合不同过程、不同地点的实际地震环境、场地条件及地基土特征，从而求解的地震荷载可能偏差较大。地震作用是一个时间过程，反应谱法得到的仅是地震过程中的最大惯性力值，但最大惯性力值的状态不一定是结构的最危险状态，因此单纯靠反应谱法有时不能找出结构真正的薄弱部位。为了全面反映结构在地震作用下的动力情况，应该采用考虑动力相互作用的时程分析法。时程分析是在地基土上作用地震波后通过动力计算方法直接求得上部结构反应的一种方法。由于时程分析法可以计算出整个地震过程中结构的运动和受力情况，因而可以得到结构最大的内力和最薄弱的部位。日本科学家曾用此法把结构的地震反应过程通过计算机显示出来，给人以直观的印象。但如果要使计算的结果反映真实情况，就必须在时程分析中考虑地基和结构的动力相互作用。

近三十年来，国内外就结构-地基相互作用对结构地震反应的影响已进行了多方面的研究，其中大量工作集中在理论研究与计算分析上。进入20世纪90年代以来，日本、美国等国家开始进行现场振动试验和振动台试验，但由于各种条件限制，试验研究进行的相对较少，而计算分析与试验的对照研究则更少。对结构-地基动力相互作用问题进行试验研究，不仅可以为理论分析提供必要的参数，而且可以获得丰富的试验数据，为开展计算分析研究、验证其力学模型和计算方法的合理性奠定基础。将计算分析和试验研究进行对照研究,一方面可以验证计算模型的合理性,同时也能验证试验方案的可行性及试验结果的可靠性,具有非常重要的意义。因此,开展现场试验、振动台模型试验以及计算与试验的对照研究来验证理论研究成果就显得非常重要和迫切。

1.2　研究现状

土-结构动力相互作用的研究,最早源于 1936 年 Reissner[1] 关于弹性半空间表面刚性圆形基础振动问题的研究,之后又有 QuinLan 等对 Reissner 解的修正。20 世纪 50 年代,Bycroft[2] 对圆形基础板的竖向、水平、摆动、扭转诸方面进行了全面的研究。进入 20 世纪 60 年代,土-结构动力相互作用引起了更多学者的关注,对各种类型的刚性基础板在不同方向上的振动问题进行了更详细的研究,其中比较有代表性的人物有 Arnold[3]、Luco[4] 和 Lysmer[5] 等。其中值得一提的是 Lysmer 提出的工程上应用比较方便的集中参数法。后来 Hall、Thomson 和 Luco 等人对这一方法进行了推广,Wolf 等人[6] 又将这一方法推广到层状地基上。这一阶段奠定了土-结构动力相互作用的理论研究基础。

20 世纪 70 年代后,由于数值计算理论和计算机技术的发展,以及一些重大工程的相继修建,推动了土-结构动力相互作用问题研究的迅速发展,使其进入了一个新的阶段。这一阶段在理论计算上以数值方法为主,有限差分法、有限元方法和边界元方法得到了较大的发展;除了整体分析法外,适用于各种情况的子结构分析方法纷纷被提出;各种近似的计算方法也得以发展。这一阶段场地条件对输入地震动影响的研究也得到很大的发展[7-9]。

近年来,在继续进行各种理论探讨的同时,现场模型试验研究和对强震记录的分析研究[10]也受到人们广泛的关注,成为土-结构动力相互作用研究的新一轮热点。

1.3　研究方法简介

结构-地基动力相互作用的研究方法可概括为理论方法、原型测试与室内试验三类[11],下面将分别叙述。

1.3.1 理论方法

研究结构-地基动力相互作用的经典方法有解析法或集中参数法,数值法或解析-数值结合法则包括有限差分法、有限元法、有限条法、边界元法、离散元法、嫁接法、有限元线法、无限边界元法、无穷元法,以及上述各类方法之间、它们与解析方法之间的各类耦合方法。理论方法按结构的分析系统可分为整体分析法和子结构分析法两大类,按是否考虑孔隙水压力的影响又可分为总应力法和有效应力法,以下分别加以阐述。

1. 解析法

对于简单结构和均质地基,可以通过解析方法求得精确解。在解析法中,其主要代表是弹性半空间理论和弹性波绕射理论。Reissner[1]最早提出用弹性半空间理论分析地基与基础竖向激振情况下的理论解。这个理论被 Sung[12] 和 Bycroft[2] 分别发展用来处理不同类型的接触压力分布问题和不同类型的振动。Richart 和 Whitman[13]用这一理论的分析结果与大量的场地试验相比较,结果表明,二者之间符合较好。弹性半空间理论对于在土质均匀、土层较厚的地基上建造的浅埋基础的建筑结构物的动力相互作用分析,无疑是简单有效且便于工程技术人员掌握使用的,但它也存在一定的缺点和局限性。Seed 等人[14]认为,这种方法没有分析地基土的材料阻尼及辐射阻尼的影响;不适用于沉积层复杂的地基情况;不能考虑场地土动力特性随应变值的变化,计算出的地震反应值误差较大;不适用于基础埋深较大的结构物及不能考虑邻近结构物的影响等。对此,Hadjian[15]和 Hall 等人[16]提出不同的看法,他们列举一些资料表明,在大多数情况下用弹性半空间的集总参数法是足够精确的,地基土和结构的动力参数的变化照例可用集总参数法考虑。但是,应当承认,用弹性半空间理论定量地计算土-结构相互作用的问题仍然没有解决,由该理论得到的计算成果也并没有完全为现场实验所证实,现有的一些成果离解决实际问题仍有一定的距离。

弹性波绕射理论的优点是可以避开结构动力方程,直接由波动方程求解,但由于它在处理复杂边界条件时数学计算极其繁琐和困难,至今所见资料不多。

2. 数值分析法

当上部结构、基础以及地形地质条件较复杂时,用解析法表示实际体系会产生大量数学上的困难,因而必须采用数值方法。

在数值方法中,有限元法是应用最广且最有效的方法。它可以较真实地模拟地基与结构的力学性能,处理各种复杂的几何形状和荷载,能够考虑结构周围土体变形及加速度沿土剖面的变化,适当地考虑土的非线性特点,可以计算邻近结构的影响。其次,由于有限元法通用性强,且已有大量可供使用的商业程序,用户易于掌握,因而可以用于许多复杂的土与结构相互作用问题的计算。在动力相互作用问题分析中,目前较为成熟的方法仍然是完全有限元法,即对结构-基础-地基体系采用整体有限元分析。但完全有限元法在土和结构动力相互作用分析方面也存在比较明显的缺陷,突出的是为了反映地基的半无限域特征,不得不在相当大的范围内对地基进行离散化,因而占用计算机内存大,消耗机时多。为了减小求解区域,人们提出了各种人工边界,如 Lysmer[17] 提出的黏性边界,White[18] 提出的统一边界,Smith[19]、Cundall[20] 提出的叠加边界,Lysmer 和 Wass[21] 提出的协调边界,Engquist[22] 与 Clayton[23] 提出的旁轴边界,廖振鹏[24-29] 提出的暂态透射边界。在土与结构的动力相互作用方面,完全有限元法仍然存在计算过程复杂、计算费用较高的问题。因此,进一步研究有限元的求解方法,优化有限元程序结构,提高程序前后处理功能,仍是当前土-结构相互作用有限元分析中值得进一步研究的课题。

边界元法从本质上看是属于一种半解析的数值方法,它依赖于各种问题的基本解或 Green 函数,这种基本解在复杂的介质条件下往往不存在,这一点有时会成为比较突出的问题。Dominguez[30-31] 首先将频域边界元法用于求解二维和三维表面式及嵌入式基础的动力刚度与波动响应。Karabalis 和 Beskos[32]、Spyrakos 和 Beskos[33] 则分别用时域边界元法研究了上述问题,并考虑了基础板的柔度。边界元法用于成层介质的波动问题时,一种方法是直接采用均匀无限区域的基本解,采用分区解法,此时不仅需要离散区域的边界,而且需要对分层交界面进行离散,当层数较多时,工作量较大,只适合于分层数不多的情况,其优点是可以处理任意取向的分层界面,原则上适用于任意复杂分层介质中的波动问题。用边界元法处理成层介质波动问题的另一种方法是引入分层介质的基本解,采用分层介质模型,此时,边界元法在概念与方法上不会有任何困难,而关键的问题是寻找相应的动力基本解,但这种分层介质模型的基本解只对简单的水平成层半平面存在,它们一般具有较复杂的形式。自 1904 年 Lamb[34] 对基本解问题研究以来,二维、三维刚性和弹性基岩上水平成层介质的频域基本解已分别由 Franssens[35]、Luco 等[36-37]、Bouchon[38]、Kausel 等[39]、Wolf 等[40-41] 以及 Tassoulas 等[42] 导出。在时域内,相应的基本解更不多见,曾三平等[43] 导出了任意层数层状弹性半空间轴对称动力问题时域基本解的解析表达式。这种水平成层介质模型的优点是可以将成层半空间介质作为一个整体来考虑,不需要对各层的交界面进行离散,但其基本解的形式较复杂,应用比较困难。以上的层状介质情况,实际上属于离散非均匀域,即局部域是均匀的,而整体是非均匀的。对于具有连续非均匀的介质,边界元法更多地依赖于基本解是否存在,这种基本解一般只对特殊的介质存在,对连续非均匀介质问题,边界元法一般只能用于研究特殊类型的非均匀介质。

无限元法以形函数形式描述从近域到远域位移幅值的衰减规律,以及不同波数的相位特征,本质上来说,也是一种人工边界。动力无限元由 Bettess 与 Zienkiewicz[44]在静力无限元基础上发展起来,首先应用于流体波动分析,Chow 与 Smith[45]将它应用于固体波的传播分析,Medina 等人[46]以及 Zhang 与 Zhao[47]将这一方法用于结构-地基相互作用分析中。

离散元法是由 Cundall[48]在 20 世纪 70 年代初提出的一种分析不连续岩体变形的方法,其假定岩体由互相切割的刚性块组成,单元间以虚拟弹簧接触传递相互作用力。从动力学牛顿第二定律出发,用显式动力松弛法进行叠代计算,可用于分析岩体的大变形与地下结构围岩的失稳过程,我国的王泳嘉[49]、魏群[50]、张楚汉和鲁军等人[51-52]分别对离散元法进行了有意义的开发和应用。离散元是一种岩土地基模型,用于动力分析中需要将离散元与边界元相耦合,以便反映无限地基的辐射阻尼,这一耦合已由 Lemos[53]、Dowding[54]等人完成,但目前还未广泛应用于结构-地基动力相互作用分析中。

有限差分法和有限元同属有限体模型,为模拟地基的辐射阻尼需要在人工截断边界上施加透射边界或取足够大的地基离散范围。有限差分法曾用于地震地面运动分析,Alterman[55]、Boore[56]、Aki[57]、Joyner[58]等人的工作是典型的代表,这一方法在地基动力分析中已有被有限元和边界元取代的趋势。

有限元-嫁接法是 20 世纪 80 年代由 Dasgupta[59]提出的,其原理是在有限域模型中计入无限域的辐射条件,从而使无限域的动力刚度可以用有限单体的动力刚度构成的微分方程来表示。这一方法适用于计算嵌入式基础的频域动力刚度。Wolf 和宋崇民[60]将 Dasgupta 的一个单体推广到多个单体的模型,极大地改善了嫁接法的精度。目前,这种方法正处于研究过程中,有可能广泛应用于结构-地基的动力相互作用分析中。

有限条法是由 Cheung[61]提出的一种半解析方法,基本思想是在结构或介质的一个方向上用离散单元数值方法,另一个或两个方向上用解析法,在结构-地基相互作用方面已有一定应用[62]。此法对于规则成层地基的动力分析有一定优点,但仍需截取很长的地基范围,迄今仍未广泛应用于结构-无限地基的耦合分析中。

3. 耦合法

耦合法是为了取各种方法之所长,用两种不同方法结合起来求解所提出的问题。耦合法可以是解析法与数值方法的结合,也可以是在部分域(例如近场)使用一种数值法(例如有限元),而对于其他域(例如远场),使用其他方法(例如边界元、半无限元、边界阻抗和半解析等)来模拟。在土-结构动力相互作用问题中,研究得最多的是上面的后一种方法。主要是沿基础相邻土体中的某一规则的曲(折)线或曲面(如半圆、半球、矩形或棱柱等),在该曲线(面)内(近场)由于为非均匀体,一般都采用有限元来处理。严格地求解这类问题,只对于扭转荷载条件才可得到解析解。远场用无限元模拟也是土-结构动力相互作用问题中研究得较多的一种方法。

远场用边界元与近场用有限元相结合来求解土-结构相互作用是近二十年来耦合法中用得最多的一种。最早实现频域内有限元与边界元耦合的是Toki[63]等。随后,Underwood 等[64]、Mita 等[65]、Kobayashi 等[66]均采用二维频域方法进行耦合。Gaitanareos[67]将耦合方法应用到三维问题中。Karabalis等[32]将这一耦合技术发展到时域方法中。Wolf[40-41, 68]提出了将频域地基动力刚度转换为时域动力刚度的方法,实现了频域和时域两大类方法的耦合。

4. 子结构法

动力子结构法也是土与结构动力相互作用分析中广泛应用的一类方法。首先把整个结构划分为几个子结构,分别对每个子结构进行分析,最后再利用各子结构交界面处的变形连续条件把各子结构综合起来进行整体分析。最早将这一方法引入土-结构相互作用分析中的是 Chopra 等[69],他们利用弹性半空间动力刚度的形式,与有限元上部结构以及水坝的上游水域耦合起来发展了一整套子结构模态分析技术。此后,出现了几种针对土-结构相互作用特点的动力子结构分析方法,如刚性边界元法、柔性边界元法和柔性体积法[11]等。

按照模型的简繁程度,子结构法可以分为简单子结构法和一般子结构法。两种方法的基本概念及计算步骤一致,只是由于基本假定不同,故其计算工作量和范围不同。简单子结构法是将上部结构离散为由弹性杆串联的多个质点的悬臂子结构,将土体看作弹性半空间,基础则理想化为弹性表面上的无质量刚体。这种方法的计算工作量小,可用于分析建造在土质均匀、土层较厚的地基上且基础埋置深度不大的土-结构体系,但对于复杂的结构,不均质的地基以及有基础的结构,一般难以获得可靠的结果。一般子结构法将上部结构用有限元离散,地基根据场地土层条件,既可以作为连续的弹性或黏弹性半空间,也可以用有限元、边界元或其他数值方法离散。当用数值方法离散时可以考虑基础的柔性。一般子结构法能够用于分析埋入式结构,能考虑相邻结构通过土传来的相互作用影响及复杂地基情况,并能进行多点地震荷载输入。由于子结构法是将规定的自由场运动直接在结构-土交界面上输入,从而避免了反演计算和完全有限元中关于地震波类型和方向的有关假定,使问题处理起来更加方便一些。尽管一般子结构法也是将上部结构、基础和地基用有限元离散,但在计算上子结构法比完全有限元法简洁得多。

子结构法既可以在频域中应用,也可以在时域中应用,当在频域中应用时,只限于线性地基。如果要考虑土的非线性性质和结构的非线性时,就必须应用整体分析中的时域逐步积分方法。如时域有限元、时域边界元或它们之间的耦合法。关于这方面的研究仍处于初步阶段,其成果相对较少[70-71]。

5. 有效应力法

结构-地基相互作用体系的动力反应分析方法按是否考虑孔隙水压力的影响,可分为总应力动力分析法和有效应力动力分析法。在总应力动力分析法中,岩土介质的应力应变关系和强度参数都是根据总应力确定的,其动剪切模量 G 和阻尼比 D 只取决于震前的静力有效应力,不考虑动力荷载作用过程中孔隙水压力变化对土的性质的影响。有效应力动力分析法与一般总应力动力分析法的不同之处在于该法在分析中考虑了振动孔隙水压力变化过程对土体动力特性的影响。

早期的有效应力动力分析法是在总应力法的基础上发展起来的。它以总应力法为基础,本构模型仍采用等价黏弹性体,但是在每一时段末增加了残余孔隙水压力或残余变形的计算。Finn 等人[72]最先提出用有效应力原理计算动荷载作用时水平地面下饱和砂层中孔隙水压力的一维有效应力分析方法。后来徐志英和沈珠江[73]又提出地震液化的二维有效应力动力分析法,这种方法是在有限单元法的基础上,分时段将以 Boit 固结理论为基础的静力计算和以等效线性理论为基础的动力计算结合起来进行分析,其中考虑了振动引起的孔隙水压力的增长、扩散和消散作用。徐志英和周健[74]又将上述方法发展为三维有效应力动力分析。Lee、Finn 针对土的非线性滞回特性并利用 Masing 准则来模拟卸载和再加载过程,且考虑动荷作用时瞬时和残余孔隙水压力的影响,提出增量弹性动力分析模型。同时,Mroz、Dafalias、Paster 等学者从本构模型入手,又由弹塑性分析的途径进一步发展了有效应力法,它是采用复杂弹塑性计算模型的有效应力动力分析方法。这种方法在理论上更合理,在实际上也更好地反映了土的真实性能。但计算工作量也更大,目前尚未在实践中得到广泛应用。

与总应力法相比,有效应力动力分析法不但提高了计算精度,更加合理地考虑了动力作用过程中土动力性质的变化,而且还可以预测动力作用过程中孔隙水压力的变化过程、土体液化及震陷的可能性和土层软化对地基自振周期及地面振动反应的影响等。但是由于目前对动力荷载作用时孔隙水压力的产生、扩散和消散机理及其预测方法还尚未达到可以完全信赖的程度,有效应力分析中所需计算参数的确定还不是十分合理,其计算工作量又相当大。因此,将有效应力法更加广泛地应用于实践工作中,还需对其作进一步的探索和完善。

1.3.2 原型测试

土-结构动力相互作用分析研究的各种方法都或多或少包含一些假定,有其局限性:如关于地震动的输入、土性的模拟、土-结构体系的模型化以及运动方程的数值求解等。因此,在将某一种方法用于实际之前,检验其可靠性是十分必要的。现场模型或原型强迫振动试验与地震观测作为有效的分析方法,受到了较为广泛的重视。

震害是最真实的"原型试验"结果,震害调查所观测到的现象,是研究土-结构动力相互作用问题的可靠方法,往往能为重要理论的建立提供线索和实际数据。因此震害调查一直受到世界地震工程界的高度重视,而震害调查数据亦正在不断积累之中。美国 Hamboldt 湾核电厂是国际上第一个取得强震记录,并最早将观测结果与计算进行对比的一座核电厂。Celebi[75-76]根据美国 1987 年 Whittier 地震,对两个相距 16.3 m 的钢排架结构强震观测数据进行分析。结构 A 采用桩长为 8.6~11.6 m 的钢筋混凝土桩基础,纵横向第一自振频率均为 0.65 Hz;结构 B 采用箱基,纵横向第一自振频率分别为 0.76 Hz 和 0.83 Hz。分析表明,存在结构-地基-结构相互作用,结构基底的地震动比自由场运动小。Sivanovic[77]利用对位于洛杉矶市区一栋 7 层支承于摩擦桩上钢筋混凝土结构的旅馆从 1971 年到 1994 年长达 20 多年获得的 9 次地震观测资料进行分析,可见土-结构相互作用十分明显,主要表现为基础的摆动;同时认为土的非线性行为是影响在强震下结构体系地震反应的重要因素,由于土体的能量耗散作用,对于上部结构而言这是有利的。Celebi 和 Safak[78-79]对加州 Pacific Park Plaza(30 层,桩筏基础)根据 1989 年 Loma Prieta 地震观测结果进行了分析。Meli[80]等人对位于墨西哥城的一栋 14 层钢筋混凝土建筑进行了观测和分析。这些研究都极大地丰富了人们对结构-地基动力相互作用的认识。

现场模拟地震动试验,从理论上说是比较理想的,它能提供一种比较接近天然地震的环境,能检验土-结构动力相互作用的各个环节。但是试验对象离振源较近,波阵面和波的组成较复杂,因此,目前仍以稳态激振为主。

基础稳态强迫激振试验(FVT)的试验对象有两种:一种是在现场浇铸的置于地表或部分埋入的混凝土或钢筋混凝土块体式基础;另一种是按一定比例缩小的结构模型。实验目的在于测定土-结构动力相互作用体系的自振特性,利用测量结果计算地基阻抗。由于FVT试验不涉及自由场地震反应、波的散射以及土的刚度退化等问题,这种试验主要用于测定土-结构惯性相互作用。

对房屋结构的激振试验,研究发现:在结构顶部激振时体系的频率较底层激振时体系的频率有所降低,但阻尼显著增大;室外地面激振时结构底层反应特征和底层激振时相同;对刚性基础,用S-R模型可以对土-结构动力相互作用体系的自振特性与强迫振动反应作出较满意的预测,对柔性基础,则有必要使用更为细致的模型。对日本福岛核电厂进行的一系列大比例尺模型试验[81],P. S. Theocaris等进行的小比例试验。这些试验结果表明:激振力增大,地基刚度降低,体系自振频率降低,但体系的阻尼、侧移及回转成分则没有明显变化;由波动方程解析解以及三维有限元解得到的地基阻抗函数,与强迫振动试验结果相比,一般而言,高频段理论值的实部(弹簧刚度)有偏低现象,虚部有偏高现象;有限元法得到的虚部都偏高。

中国台湾罗东大型土-结构动力相互作用试验[82-83],是台湾电力公司(TPC)与美国电力研究所(EPRI)共同进行的一项大比例尺结构抗震试验计划,目的是为了研究土-结构动力相互作用对核电厂结构地震反应的影响,验证分析方法的可靠性。参加该计划的单位包括美国、日本、瑞士和中国台湾地区共13个单位100多位专家学者。罗东试验表明:对参加预测的模型方法,包括简单模型,只要对土的材料参数、分层、阻尼等做出合理的考虑,这些模型都是可用的。

日本大场1982年对高度在31 m以下刚度较大的钢筋混凝土结构、劲性钢筋混凝土结构进行了常时脉动试验,考察不同地基条件和基础形式对建筑物基本自振周期的影响。测试结果表明:建筑物固有周期受地基性质、状态和形式的影响;带桩基的结构比不带桩基的结构固有周期长;由地表至10 m深处地基土层的平均N值与建筑物的固有周期间有较强的相关性,不论基础形式如何,随着地基土层平均N值的减少,固有周期延长。

日本山道对 92 栋钢筋混凝土及劲性钢筋混凝土结构进行了常时脉动试验,提出:对钢筋混凝土结构,地下部分使固有周期延长;对劲性钢筋混凝土结构,地下部分使固有周期缩短。松下等人根据 1968 年 7 月 1 日东松山地震记录,对东京都内 25 栋建筑进行考察,发现建筑物的基本周期较以前测得的基本周期延长 30% 左右。田中等人对 17 栋建筑物进行了分析,得出建筑物的基本周期比微振测量时增加 20%、阻尼比增加 25% 的结论。阿部等人对 200 栋建筑物在地震前后进行脉动测量,指出其基本自振周期平均延长 1.31 倍。

北京工业大学与美国国家地震工程研究中心合作,对地基-基础-上部结构动力相互作用问题展开了一系列研究工作。研究表明,在相同地基条件下,随上部结构相对地基刚度的增加,土-结构动力相互作用体系固有周期延长的效果愈明显,地基土的存在是导致整个土-结构动力相互作用体系阻尼比增大的一个重要原因[84]。

现场试验接近实际,但实际的边界条件与材料特性很复杂,难以分析各个因素对反应的影响,且试验费用很高、耗时很长。因而,在实验室进行模型试验研究是努力的方向。

1.3.3 室内试验

实验室模型试验主要有土工动力离心模型试验和模拟地震振动台结构模型试验。室内模型试验可以有目的性和针对性地控制动力过程及材料特性,是土-结构动力相互作用规律的定性分析乃至定量分析中的重要手段。

土工动力离心模型试验技术,能够使模型与原型的应力应变相等、变形相似、破坏机理相同,因此在国际上得到十分广泛的应用,应用范围已涵盖浅基础、挡土墙、沉箱基础、护岸、隧道、桩基础等各种结构形式,并已能实现对地基液化过程的模拟。但目前土工动力离心试验还存在一些问题有待解决,如模型较高的激振频率可能引起原型并不存在的惯性效应,用黏滞性较大的液体可能改变土的阻尼特性,单向激振输入在另一方向产生正交加速度等。

模拟地震振动台可以很好地再现地震过程和进行人工地震波试验,是实验室中研究土-结构相互作用动力特性、地震反应和破坏机理的最直接的方法。地震模拟振动台于 20 世纪 60 年代末出现在美国加州伯克利大学,建成了 6.1 m × 6.1 m 的水平、竖向两向振动台,到目前为止,据不完全统计[85],世界上已拥有近百座地震模拟振动台,分布在以日本、中国和美国为主的许多国家,其中日本振动台的规模最大、数量最多。许多振动台可以同时模拟三向六个自由度的多重地震激励。在过去几十年中,地震模拟振动台在结构抗震研究和工程实际中发挥了重要作用。20 世纪 60 年代末,日本就开始了针对土-结构动力相互作用问题振动台试验研究,但直到目前,大部分动力相互作用试验研究的注意力仍集中在地下部分,主要围绕桩基问题,如单桩-土动力相互作用、桩-土-桩动力相互作用体系的动力特性和地震响应特性的研究。在 60 年代末至 80 年代中的土-结构体系的动力试验,总体来说是一些不十分注重相似关系的小型模型试验,其主要目的是测试动力 $p\sim y$ 曲线,了解动力作用下不同深度处"土弹簧"的实际变形特性,以便获得尽量真实的基础动力阻抗。20 世纪 90 年代后主要开展了一些比例模型试验,特别是一些大比例土-结构相互作用模型的地震模拟振动台试验研究,较具有代表性的,如 Tamura 等[86]在日本地震科学和防灾国家研究院(NIED)的 15 m×15 m 承载力为 500 吨的振动台上,进行了土-结构相互作用体系大比例模型试验研究(其模型是将 4 个直径 0.15 m、长 6.0 m 的钢筋混凝土桩置于 12.0 m×3.5 m×6.0 m 的薄层剪切盒,剪切盒内为饱和砂土,上部结构由重 14.1 吨的集中钢板代替,桩与结构刚性连接),考察了液化砂中土-结构相互作用体系的动力响应和砂土液化过程中钢筋混凝土桩的破坏机理等。1997 年至 1998 年,美国太平洋地震工程研究中心(PEER)[87],为了深入调查地震作用下土-结构相互作用的变化规律,校核地震作用下土-结构动力响应的数值计算模型,对十组模型进行了系列性的、模拟地震作用下的振动台比例模型试验,得出了许多新的结论。

1.4　需进一步研究的问题

根据前述的现状分析可以看出,土-结构动力相互作用的研究在近年来已取得了一定的进展,但与其他许多成熟的学科相比,还有许多问题远远没有解决,目前已有的一些成果距离实际应用还有一定的距离,本书认为在未来的一段时间,主要有以下几方面的研究需要进一步开展:模型试验与原型观测问题、地基土的层状特性研究、地基土的非线性问题、地基土的材料阻尼机制、土-结构接触界面非线性问题、人工边界的问题、多相介质问题、地震荷载的输入问题、计算模型和分析方法、上部结构的非线性问题、简化计算方法的研究、相邻建筑物间的相互作用、动力相互作用对结构主(被)动控制影响的问题等。下面结合本书的内容,有侧重性地进行介绍。

1.4.1 模型试验与原型观测问题

在原型测振或强震观测中,实际的边界条件与材料特性非常复杂,难以分析各个因素对反应的影响,必须要继续加强以往的参数试验-理论模型-原型观测三结合的方法:首先对地基的动力特性进行试验量测,以取得理论模型的计算参数;在取得原型观测结果后,与理论模型的计算结果进行比较,以修正理论模型与计算参数,如此反复进行,以进一步优化理论模型与计算参数,深化对问题的认识。

由于原型观测试验费用高、耗时长,在试验室进行试验研究是努力的方向,室内试验往往存在以下一些问题亟待解决[88-89]:① 由于受振动台的台面尺寸及承载能力等条件的限制,多数情况下只能进行模型试验,这就必然涉及模型与原型间动力相似以及如何推算原型等问题,这是有很大难度的研究领域。而结构-地基动力相互作用这一课题本身的复杂性更使得这项工作变得艰巨,如何在试验中解决土的相似模拟问题,是需要深入研究的课题。② 实际结构总是处于半无限空间的地基土中,而振动台试验由于引入人工边界而产生边界效应。如何在振动台有限的尺寸内模拟土层的无限远边界及消除边界处波动反射的影响是模型试验的难点之一。③ 振动台试验中为了获取土中加速度,土-结构接触压力及结构应变、位移及加速度等数据,存在土中测点布置、安装及防水等问题,同时也应考虑土中传感器与土体可能发生的耦合振动效应,这些都会对试验结果产生严重影响。

1.4.2 地基土的层状特性研究

研究层状地基土-结构的动力相互作用问题在工程上具有重要的意义。因为均匀弹性地基是一个理想化的模型,而实际地基材料特性往往不是均匀分布的,对于材料特性沿竖向不均匀分布的地基,可以近似地用成层地基来模拟。层状介质的波动问题所涉及的工程问题颇多,例如岩土地基与边坡、地壳中大量存在的沉积岩等都具有复杂的层状性质。求解层状介质波动问题可以采用解析法或数值方法。解析法要求简单层状介质特性,有一定的局限性;数值方法包含多种方法,如有限元法和边界元法,当分层数较多时,有限元法的计算工作量将相当可观。边界元法则因为计算工作量较大(如采用均匀无限域的基本解时)或者因为基本解较复杂及适应面窄(如采用层状介质的基本解时)而限制了其在层状介质问题中的应用。对于层状地基与结构的动力相互作用问题已有不少研究,

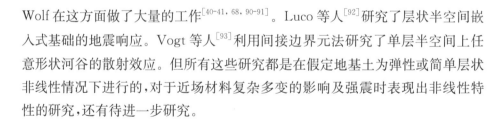

Wolf 在这方面做了大量的工作[40-41,68,90-91]。Luco 等人[92]研究了层状半空间嵌入式基础的地震响应。Vogt 等人[93]利用间接边界元法研究了单层半空间上任意形状河谷的散射效应。但所有这些研究都是在假定地基土为弹性或简单层状非线性情况下进行的,对于近场材料复杂多变的影响及强震时表现出非线性特性的研究,还有待进一步研究。

1.4.3　地基土的非线性问题

研究表明,在循环荷载作用下土不仅呈现非线性特性,而且还具有滞回特性。美国学者 J. M. Roesset[94]曾指出:控制相互作用分析准确合理性的第二个关键性因素为土的非线性特性。近年来相互作用的非线性分析渐渐受到重视。现有这方面的方法,例如 SHAKE、FLUSH 程序中采用叠代性分析的方法,它是基于等效线性化技术,叠代计算持续到相邻两次计算的应变或土性指标小于规定的误差量级;也有在时域非线性分析中采用非线性弹簧,土的基本方程是基于 Ramberg-Osgood 模型等。近几年来也陆续发表了一些新方法的研究成果,但大都还不太成熟,现有方法主要是基于一维的假定,从分析结果看,这个问题似乎值得进一步探讨。对于复杂应力状态现有方法远远不能满足要求。由于对动力荷载下的性能了解得还不够深透,以及计算费用过大,真正三维的非线性分析现在尚不现实[94],但这是肯定的方向,需要坚持这方面的探索研究。这就需要在今后加强土的动力性能的研究,尤其在土壤应力-应变特性的模拟方面,需要研究非线性的基本模型,并用较简单而又合理的模型来代表这些特性[95]。

1.4.4　地基土的材料阻尼机制

地基阻尼机制包括材料阻尼与辐射阻尼两类,通过正确地模拟无限地基中波的透射与传播,辐射阻尼因素被近似地计入,对材料阻尼的研究,则仍然存在许多不确定因素。目前黏弹性地基模型采用的阻尼系数 η_p、η_s 对频域分析非常方便,其中 η_p、η_s 分别为相应于压缩波与剪切波的阻尼系数。但在时域分析中,结构物的阻尼又多以 Rayleigh 比例阻尼的形式给出,这种阻尼机制的不协调性对计算分析造成一定困难,需要进一步的理论与实验研究,以确定不同阻尼模型的适用范围以及它们之间的转换关系,而这一点需要进行原型测振加以验证[11]。

1.4.5 土-结构接触界面非线性的问题

众所周知,在一般分析中假定基础底面和土体是完全结合的,即它们之间不发生滑移、分离,而且假定基础侧面和土体也是完全接触的,这在一定程度上是一个合理的假定。但在实际分析中,发现侧面交界面会发生分离,而且在中等地震下,它对界面附近区域响应将会产生很大影响,随着激振力的增大,将很大程度上改变系统周期,从而引起结构物顶端的反应谱在共振频域内与线性体系的差别。这种现象在 1952 年 7 月 21 日的 Arvin-Tehachapi California 地震中得以证实。Kennedy 等人和 Wolf 观察到基础与地基土接触的局部翘离将产生在水平输入下不可忽视的竖向反应,特别是将引起高频段反应谱显著提高,并建立了一个比较严格的分析方法。Rosset 等采用非线性土体模型、平面应变有限元研究了表面基础和埋入基础的结构物性状。发现结构和土的相对运动会因分离作用而使最大水平加速度增加约 15%。对埋置很深的结构,基底分离对总的结构反应影响不大,但对表面支撑基础来说,将有很大的影响。朝鲜的 YANG Hee Joe 等[96] 的研究表明,考虑因基底上掀分离引起结构反应增大,故不考虑基底分离将导致非保守的结果。但这些还不能完全说明问题,需要进一步研究[97-98]。

1.4.6 人工边界的问题

通过对常见的几种人工边界[17-29]进行分析可知:非局部边界一般和频率有关,需在频域内求解,难以用于非线性分析;局部边界可用于时域分析,但它们的推导过程又往往利用了线弹性波动理论的某些结论,所以至少要求在边界附近为线弹性,其精度也并非对所有情况均得到保证,且某些局部边界还有计算工作量增加很多、稳定性、适应性问题,所以这方面还有许多值得研究的问题,真正达到实用的程度,尚有相当的一段距离。

1.4.7 多相介质模型问题

目前,地基土模型仍以单相总应力模型为主,多相介质有效应力模型的研究从 20 世纪 70 年代末开始,主要目标是饱和砂土的孔隙水压力在地震作用下的变化过程,并对地基的液化失稳进行评价。孔隙水压力是影响土体动力特性的重要因素,提出的有效应力法就是考虑了这一因素。当今的土工动力分析方法已经从总应力法发展到动力反应分析与土的液化和软化等结合起来的不排水有效应力分析方法,以及考虑地震过程中土体内振动孔隙水压力产生、扩散和消散的排水有效应力分析方法。可以说,有效应力分析方法的发展与应用是土工动力分析方法在最近10年以来最重要进步之一[99-105]。然而,有效应力法应用到土-结构动力相互作用分析中的研究尚不多见。从工程意义上讲,地基属于饱和多孔介质,地震波在这一多相介质中的传播对结构反应的影响值得进行研究,这是今后工作的一个方面。

1.4.8 地震作用的输入问题

目前对地震作用如何输入是相互作用研究中的一个难题,如对于某一具体的建筑物,选择何种地震波、如何输入。地震学家们正致力于研究地面运动的各个分量与入射波场的关系,但尚未有成果。目前一般认为在考虑地震作用时,选择输入地震波有三种方式[106]:① 直接选用一些著名的强震记录作为输入,如El Centro记录。但要注意场地条件、传播途径、震源距离、震波等因素的影响,注意使所选用的地震波三要素与当地估计的地震波三要素相吻合。为达到上述要求,一般需对地震波做一些调整。② 为了克服上述地震波输入带来的偶然性巧合或误差,人们研究时选择了一种能适合成批震例,其结果在数值上、概念上都能很好地符合现行的理论认识,能很好地解释震例中的普遍现象的一个修正了的地震波。③ 用人工地震波拟合给定的反应谱作为输入也是一种可行的方法。

现有的地震记录大都是在地表测得的,而一些高层建筑往往有好几层很深的地下室,如果直接用地表的参数进行输入,会导致较大的误差。另外,现今相互作用分析大都近似假定地震波为竖向传播的剪切波,且由地面地震记录反演地下某一标高的土层地震运动,也是基于这个假定。对于用不同方向入射的波及其他的波输入来进行相互作用分析,国内很少有研究成果发表。

1.4.9 计算模型和分析方法

建立合理的计算模型和分析方法不仅仅是力学问题或计算技术问题,最根本的是对结构-地基相互作用体系的动力特性和反应规律的本质理解。由于相互作用问题的复杂性,目前建立的计算模型和分析方法常常基于一些假定,其理论研究结果缺乏试验的验证或完整可用的强震观测资料的验证,难以指导工程设计。因此,应加强现场观测和试验研究,取得结构-地基相互作用体系的一些实验资料,并据此改进或提出合理的计算模型和分析方法,使之不断完善。

另外,对目前常用的一些计算方法进行简化,以降低计算工作量,对于促进土-结构动力相互作用理论的工程应用也是很有意义和价值的。

1.5 考虑 SSI 的结构地震反应
分析常用电算程序

动力分析一般需要解大量的线性方程组,除了在自由度比较小的情况下可用手算外,一般来说用手算是不可能的。电子计算机技术的发展对 SSI(soil-structure interaction)的分析提供了有力的帮助,电算已成为必不可少的工具。考虑 SSI 的结构地震反应常用的分析程序有 CLASSI、FLUSH、SASSI、HASSI,此外,通用有限元程序也常常被用来计算 SSI 问题。

1.5.1 CLASSI 程序

CLASSI 程序由 Wong 和 Luco[107]给出,采用多步子结构分析方法,是一种使用了快速 Fourier 变换技术(FFT)的频域计算方法。地基模型采用三维均匀连续或水平成层的弹性、黏弹性半空间,结构模型可采用刚性基础上的集中质量-杆件模型或有限元模型。地震输入施加在地基表面上,可以为任意方向输入的平面地震体波和水平传播的 Rayleigh、Love 面波。CLASSI 方法需要借助诸如 SHAKE 程序得到地基模型的应变相容的土壤参数资料。这种方法从理论上讲可以应用于 SSI 分析的许多方面,但目前的 CLASSI 程序的局限性是其仅能用于分析输入波场下的刚性表面式单个基础或多个基础的动力响应,对于嵌入式基础需要进行修正[108]。

1.5.2 FLUSH 和 ALUSH 程序

FLUSH 和 ALUSH 程序是 20 世纪 70 年代由美国加州大学伯克利分校地震工程研究中心 Lysmer 教授等主持研制成功的结构-地基动力相互作用分析的二维和轴对称有限元程序,计算方法使用频域法与 FFT 技术。这两个程序是专门为 SSI 地震分析开发设计的,不能直接用于施加外部动力荷载的响应分析。FLUSH 程序(Fast LUSH)是 LUSH 程序的进一步发展,是目前国际上核电站抗震分析的常用程序之一,也是美国 NRC(Nuclear Regulatory Commission)建议使用的程序之一。地震波由刚性基面输入并垂直于土层作竖向传播,可采用剪切波或压缩波输入,可在任意深度处控制运动。考虑了土壤的层状性质、辐射阻尼的影响,还可考虑相邻多个基础的散射效应。

FLUSH 程序的局限性主要在于采用二维模型近似三维系统,这一等价性仍有待更多研究工作的证明。FLUSH 和 ALUSH 的共同局限性是它们采用的刚性基面输入界面假设,这一刚性基底的设置深度必须采用敏度分析才能确定。此外由于上述原因,地震输入只能考虑垂直竖向传播,无法考虑斜向输入地震波。

1.5.3 SASSI 程序

SASSI 程序由 Lysmer 等给出的,使用了频域法与 FFT 技术,是一种离散半空间地基模型的三维有限元子结构法。地震输入施加在地基表面上,可以为任意方向输入的平面地震波和水平传播的 Rayleigh、Love 面波。SASSI 需要借助于等效线性分析方法或一维土柱分析(如 SHAKE 程序)得到应变相容的土壤参数资料以用于地基模型。SASSI 中的地基介质可为均匀弹性半空间及其上的水平、层状、黏弹性土层,半空间的离散深度随频率变化(与频率成反比),在半空间模型的底部设有黏性波传播边界。SASSI 的结构基础可为柔性、嵌入式和多个基础,适用于求解复杂几何形状及材料特性的 SSI 问题。唯一的限制是场地必须是水平层状地基。

1.5.4 HASSI 程序

HASSI 程序[109]是日本开发的基于三维复合模型(Hybrid Model)基础上的HASSI 分析程序,如果选用弹性土壤参数,该程序对 SSI 分析很有效。在新的版本 HASSI-7 中,考虑了近场地基土的非线性特性,HASSI-8 可分析自由地面运动的空间变化及基础截止运动的影响。

1.5.5 通用有限元程序 ANSYS

由于有限元法通用性强,且已有大量可供使用的商业程序,用户易于掌握,可以用于复杂的土-结构相互作用问题计算,因而用通用有限元程序进行土-结构动力相互作用的分析已成为一个较为活跃的研究方向。

在众多通用有限元程序中,ANSYS[110-113]以其强大的功能一直备受青睐,它具有友好的界面、强大的静(动)力非线性求解功能、完整的在线帮助功能、直观的图形(动画)显示功能、方便的前后处理功能、良好的用户开发环境等。尤其是ANSYS 的参数化设计语言(APDL)和可编程特性(UPFs),提供了程序与用户交流的通道,为用户根据自身的需要开发一些特定的功能提供了可能。近年来,ANSYS 程序已逐渐被用于 SSI 问题的研究。

1.6　本书的研究内容

以上简要介绍了有关结构-地基动力相互作用的试验研究及理论分析研究的方法和现状,并结合本书的内容,指出了其中存在的问题和有待进一步研究的内容。除了深感试验研究的不足以及深入开展结构-地基动力相互作用试验研究的紧迫,还认识到试验研究要和计算分析相结合,更多地为计算提供合理、必需的参数,为计算模型和计算方法的验证服务,从而积极推动结构-地基动力相互作用问题的研究从科学研究领域进入工程实践领域,将科研成果应用于实际工程。

本书主要开展了如下工作:

(1) 土-箱基-高层结构相互作用体系振动台模型试验

完成了 1∶20 和 1∶10 两种缩尺比例的均匀土-箱基-单柱体系、分层土-箱基-12 层框架结构体系的振动台模型试验,获得了一整套试验数据,并对主要试验结果和规律进行了分析,为进行结构-地基相互作用研究、验证计算分析的力学模型和计算方法的合理性等打下了基础。试验中采用柔性容器来模拟土体的边界条件,土、基础、结构遵循了相同的动力相似关系。

(2) 模型试验的计算分析及其与试验结果的对照研究

利用通用有限元程序 ANSYS,针对结构-地基动力相互作用体系振动台模型试验进行三维有限元分析,在 ANSYS 程序中建立了计算模型,摸索了一套用 ANSYS 程序进行相互作用研究的计算分析方法。通过与试验结果的对照研究验证了计算模型的合理性,并对计算结果进行了归纳和整理,得出了一些有意义的结论。在计算建模时着重考虑了比较难实现的柔性容器模拟、土体材料非线性模拟、土体与结构接触界面上的状态非线性模拟问题,同时还讨论了网格划分、阻尼模型的选取、重力的影响、对称性利用、自由度不协调的处理等问题。

(3) 结构-地基动力相互作用体系实例分析

以上面的研究工作为基础,针对实际工程开展结构-地基动力相互作用的研究,在 ANSYS 程序中实现了土体黏-弹性人工边界的施加,并讨论了土体边界取值、上部结构刚度、上部结构形式、地震波激励类型、土性、基础埋深以及基础形式等参数对相互作用体系动力特性、动力反应以及相互作用效果的影响。

（4）结构-地基动力相互作用体系的有效应力分析

为了研究地基土液化对桩基及高层建筑体系地震反应的影响，在前人提出的分时段等效线性化有效应力动力分析方法的基础上，将其中的等效线性化法改进为逐步叠代非线性方法，利用 ANSYS 程序的参数化设计语言将这一分析方法并入 ANSYS 程序中，并分析了桩基-高层建筑体系的地震反应。

第2章

土-箱基-结构动力相互作用体系
振动台模型试验

2.1 引 言

由于结构-地基相互作用问题的复杂性,不同的计算方法由于其计算模型和参数选取等的不同而使计算结果存在很大差异。开展结构-地基动力相互作用的试验研究,可以验证理论与计算分析的研究成果,促进对动力相互作用研究的深入,推进其工程实践应用。

研究结构-地基动力相互作用的试验主要有振动台试验、离心机试验和现场振动试验。振动台试验具有试验成本相对较低、可重复性和可操作性强、试验目的和研究人员控制进程容易等特点,因而越来越受到人们的重视。近年来,随着模型相似理论和结构抗震试验技术的发展,振动台模型试验成为进行结构-地基动力相互作用试验研究的有效途径。

在查阅国内外相关文献的基础上,进行了结构-地基相互作用体系的振动台模型试验,了解动力相互作用的效果及规律,同时获得一套试验数据,为后续进行的计算分析研究、验证计算模型和计算方法合理性研究打下基础。试验采用均匀土和分层土两种土层条件、以带不同大小质量块的单柱模拟上部结构和以12层钢筋混凝土框架结构作为上部高层建筑结构,试验分为两个阶段,第一阶段为均匀土-箱基-单柱质量块体系振动台试验,第二阶段为分层土-箱基-上部高层框架结构体系振动台试验。本章介绍试验的概况、实现方法、主要的试验现象和结果。

2.2 试验目的及内容

本次结构-地基动力相互作用体系振动台模型试验的目标在于了解结构、箱基作为一个整体考虑时的地震动反应特性及规律,同时积累必要的试验数据,为检验现有的相关理论,也为新的计算模型及分析方法的出现奠定基础。试验目的为:

(1) 设计一种能适当消除波动反射影响的试验装置;

(2) 建立结构-地基动力相互作用体系振动台模型试验的相似关系;

(3) 试验模拟箱形基础与土层的共同作用,探讨整个体系地震动反应的规律;

(4) 在考虑结构-地基动力相互作用的情况下,了解不同上部结构对整个体系地震动反应的影响;

(5) 获得一整套试验数据,用以验证计算分析的力学模型和计算方法的合理性。

整个振动台试验工作分两个阶段实施,第一阶段试验为均匀土-箱基-单柱质量块体系,第二阶段试验为分层土-箱基-12层框架结构体系。试验内容和试验时间见表 2-1。

表 2-1 试验内容和试验时间

阶段	序号	试验编号	模型比	试 验 内 容	工况数	试验日期
第一阶段	1	BC20	1/20	箱形基础、上部结构为单柱质量块	47	2000.1.13
	2	BC10	1/10	箱形基础、上部结构为单柱质量块	31	2000.1.22
第二阶段	1	BS10	1/10	箱形基础、上部结构为 12 层框架	39	2001.1.5
	2	S10	1/10	刚性地基上 12 层框架	34	2001.1.9

注:(1) 试验编号说明:BC——表示箱基、上部结构为单柱质量块;BS——表示箱基、上部结构为 12 层框架结构;S——表示刚性地基上的 12 层框架结构;20、10——表示缩尺比为 1/20 或 1/10。

(2) 上部结构为单柱质量块时,在试验过程中增减质量块。

2.3　试　验　装　置

2.3.1　地震模拟振动台

地震模拟振动台是一个包括振动台台面及基础、泵源及油压分配系统、加振器、模拟信号输出系统、数据采集和数据处理系统组成的一个完整体系。本试验在同济大学土木工程防灾国家重点实验室振动台试验室中进行,该振动台系由美国 MTS 公司生产的三向模拟地震振动台,采用电液伺服驱动方式,其主要性能参数:台面尺寸为 4.0 m×4.0 m,最大承载模型重为 25 t,振动方向为 X、Y、Z 三向六自由度,台面最大加速度为 X 向 1.2 g、Y 向 0.8 g、Z 向 0.7 g,频率范围为 0.1~50 Hz。

2.3.2　土体边界模拟和试验容器的设计

在实际的结构-地基动力相互作用的情况下,地基是没有边界的。但在振动台试验中,只能用有限尺寸的容器来装模型土。这样,由于其边界上的波动反射以及体系振动形态的变化将会给试验结果带来一定的误差,即所谓“模型箱效应”。如何合理模拟土体边界条件,减少模型箱效应,是结构-地基动力相互作用振动台试验中的一个重要问题和研究难点。成功的土体边界条件模拟设计应使容器中的模型土在地震作用下以与原型自由场同样的方式变形,减少边界条件的影响。

人们在用振动台或离心机进行土体振动试验时,已经注意到了土体边界模拟和模型箱效应这个问题,设计采用了一些试验容器来进行边界模拟,有层状单剪型剪切盒、碟式容器、普通刚性土箱加内衬和柔性容器等,也常直接采用普通刚性土箱[114-119]。层状单剪型剪切盒[117]采用 H 型钢焊成框架水平层状叠合而成,层与层间设置滚珠。层状单剪型剪切盒只能进行单向的振动试验,而且容器自重较大,占用了振动台承载能力。碟式容器具有倾斜的刚性侧壁,设计思想是通过锥形区来减少波动能量的反射。普通刚性土箱加内衬[114-115, 120]的方法,其效果易受内衬材料的选择和设置方法的影响。柔性容器采用模量略高于土的软材料作为容器的侧壁。Lok[121]和 Philip Meymand[122]经过计算分析和振动台试验研究,认为柔性容器比刚性容器、碟式容器能较好地再现原型的反应,是较好的边界模拟方法。

通过上述对几种边界模拟方法的比较,采用柔性容器是较好的选择。除了上述计算分析和试验均表明,柔性容器能较好地再现原型反应外,还具有自重较轻和能适应多向振动试验要求的特点。因此,本试验中采用柔性容器来模拟土体边界条件。

计算分析表明[123],当取地基平面直径 D 与结构平面尺寸 d 之比 D/d 大于 5 时,由侧向边界引起的数值计算结果的误差很小并趋于稳定。为此,本试验在土体边界条件模拟设计时考虑通过两项措施来实现。一是控制结构模型的平面尺寸,使地基模型的平面尺寸与其之比要大于一定的倍数;结合考虑试验条件和相似模拟等情况,本试验取相互作用体系模型的 D/d 值为 5。二是采用柔性容器,结合适当的构造措施减少模型箱效应。

在柔性容器的设计上,参考 Philip Meymand 的容器并进行适当改进,具体设计时遵循下列原则:

(1) 选取较大的直径,使受边界影响较小的中心土体的范围较大;

(2) 采用能较好适应多向振动试验的圆筒体;

(3) 侧壁软材料的模量与土的模量相当;

(4) 容器尺寸的确定应控制模型总重量在振动台承载力 25 t 以内;

(5) 容器自重轻、构造简单、制作方便、经济。

图 2-1～图 2-3 为本试验设计的柔性容器。该容器为圆筒形,直径为 $\Phi3\,000$ mm,圆筒侧壁采用厚 5 mm 的橡胶膜,在圆筒外侧采用 $\Phi4@60$ 钢筋作圆周加固,目的是提供径向刚度,且允许土体作层状水平剪切变形。每个钢筋环用钢筋焊接而成。圆筒体侧壁通过螺栓与上部环形板和下部底板连接;环形顶

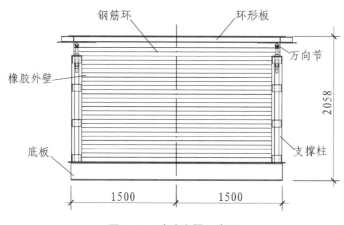

图 2-1　试验容器示意图

板由固定在底板上的四根柱支撑,柱中设高度调节螺杆以调节顶板水平并使圆筒体处于适当的状态;柱顶设万向节,使环形板在振动时可以发生侧向位移;底板用钢板制作,并用小钢梁加劲,确保在起吊时不产生过大的变形。在橡胶侧壁内侧制作花纹,在钢底板板面上用环氧树脂黏上碎石,使之成为粗糙的表面,减少土与容器界面的相对滑移。

图 2-2   试验容器(立面)

图 2-3   试验容器(俯视)

2.4   试验模型设计

模型试验结果的可靠性取决于在试验中模型是否真实地再现原型结构体系的实际工作状态。为了使模型试验结果能真实地反映原型结构体系的性状,在模型设计中必须考虑模型与原型的相似性,包括几何形状、材料特性、边界条件、外部影响(荷载)和运动初始条件等[124-125]。在结构-地基动力相互作用振动台试验的相似模拟时,应使土、基础、上部结构遵循相同的相似关系。当然,在设计具体的模型时,完全满足模型与原型的相似关系是非常困难的,应该根据试验研究目的抓主要矛盾。

本次试验的主要目的是研究地震作用下结构-地基体系的动力相互作用特性,据此确定模型相似设计的基本原则如下:

(1) 本试验强调土、基础、上部结构遵循相同的相似关系;

(2) 允许重力失真,同时考虑到在土中和基础中附加人工质量十分困难,整个模型体系不附加配重;

(3) 控制动力荷载参数满足振动台性能参数的要求;

(4) 满足施工条件和试验室设备能力(如本试验室行吊的最大起吊能力仅为 15 t)。

根据上述原则,本试验采用非原型材料忽略重力模型,按 Bockingham π 定理导出各物理量的相似关系式,见表 2 - 2。在综合考虑现有的试验条件、模型材料和施工工艺的前提下,选取一个双向单跨的 12 层钢筋混凝土框架为原型单元,其柱、梁、板均设计为现浇;地基土原型为上海软土,可以认为原型体系为典型的上海小高层建筑体系。模型的缩尺比例为 1/10 和 1/20 两种,质量密度相似系数 $S_\rho = 1$,土和结构的弹性模量相似系数约为 $S_E = 1/4$,并按试验后的实际材料性能确定相似系数。表 2 - 2 中列出了缩尺比例模型各物理量的相似关系式和相似系数。土、基础、上部结构遵循相同的相似关系。

表 2 - 2   动力模型试验的相似关系

	物理量	关系式	第一阶段试验		第二阶段试验		备 注
			1/20 模型	1/10 模型	1/20 模型	1/10 模型	
材料特性	应变 ε	$S_\varepsilon = 1.0$	1	1	1	1	
	应力 σ	$S_\sigma = S_E$	1/4.099	1/4.099	1/3.760	1/3.760	
	弹模 E	S_E	1/4.099	1/4.099	1/3.760	1/3.760	模型设计控制
	泊松比 μ	$S_\mu = 1.0$	1	1	1	1	
	密度 ρ	S_ρ	1	1	1	1	模型设计控制
几何特性	长度 l	S_l	1/20	1/10	1/20	1/10	模型设计控制
	面积 S	$S_S = S_l^2$	1/400	1/100	1/400	1/100	
	线位移 X	$S_X = S_l$	1/20	1/10	1/20	1/10	
	角位移 β	$S_\beta = 1.0$	1	1	1	1	
荷载	集中力 P	$S_P = S_E S_l^2$	1/1 640	1/410	1/1 504	1/376	
	面荷载 q	$S_q = S_E$	1/4.099	1/4.099	1/3.760	1/3.760	
动力特性	质量 m	$S_m = S_\rho S_l^3$	1/8 000	1/1 000	1/8 000	1/1 000	
	刚度 k	$S_k = S_E S_l$	1/81.98	1/40.99	1/75.2	1/37.6	
	时间 t	$S_t = (S_m/S_k)^{1/2}$	0.101	0.202	0.097	0.194	动力荷载控制
	频率 f	$S_f = 1/S_t$	9.879	4.939	10.314	5.157	动力荷载控制
	阻尼 c	$S_c = S_m/S_t$	0.001 23	0.004 94	0.001 29	0.005 16	
	速度 v	$S_v = S_l/S_t$	0.494	0.494	0.516	0.516	
	加速度 a	$S_a = S_l/S_t^2$	4.879	2.440	5.319	2.660	动力荷载控制

在第一阶段试验中,上部结构采用单柱质量块来模拟,因而上部结构未遵循相似关系,但基础和土仍按相似关系设计。在第二阶段试验中,上部结构采用 12 层钢筋混凝土框架模型,这时,土、基础和上部结构均遵循相似关系设计。模型的缩尺比例为 1/10 和 1/20 两种,模型尺寸及配筋如图 2 - 4 所示。

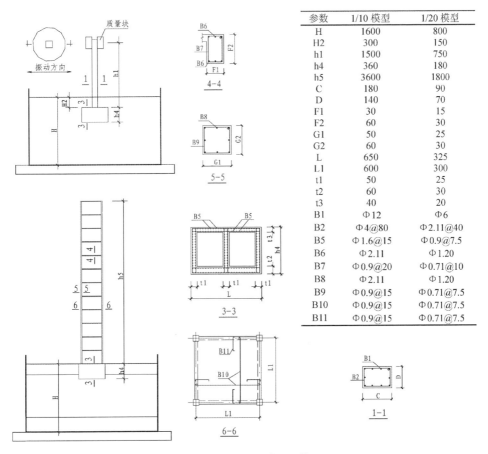

参数	1/10 模型	1/20 模型
H	1600	800
H2	300	150
h1	1500	750
h4	360	180
h5	3600	1800
C	180	90
D	140	70
F1	30	15
F2	60	30
G1	50	25
G2	60	30
L	650	325
L1	600	300
t1	50	25
t2	60	30
t3	40	20
B1	Φ12	Φ6
B2	Φ4@80	Φ2.11@40
B5	Φ1.6@15	Φ0.9@7.5
B6	Φ2.11	Φ1.20
B7	Φ0.9@20	Φ0.71@10
B8	Φ2.11	Φ1.20
B9	Φ0.9@15	Φ0.71@7.5
B10	Φ0.9@15	Φ0.71@7.5
B11	Φ0.9@15	Φ0.71@7.5

图 2-4　模型尺寸和配筋

上部结构和基础的模型材料为微粒混凝土和镀锌铁丝。微粒混凝土是一种模型混凝土,它以较大粒径的砂砾为粗骨料,以较小粒径的砂砾为细骨料。由于微粒混凝土的施工方法、振捣方式、养护条件以及材料性能都与普通混凝土十分相似,在动力特性上与原型混凝土有良好的相似关系,而且通过调整配合比,可满足降低弹性模量的要求[126]。

第一阶段试验的模型土为均匀土,采用上海砂质粉土;第二阶段试验的模型土为分层土,自上而下分别为粉质黏土、砂质粉土和中砂。砂质粉土为高敏感性土,扰动后的性能会有很大的改变,因此,在模型土制备时,通过适当地加水、搅动,改变土的特性,使之接近模型土的要求。试验前,模型所用材料均进行材料性能试验,实测材料性能参数。

在第一阶段试验中,通过增加或减少顶部质量块的方式来改变单柱质量块的振动特性,从而达到模拟不同上部结构的试验目的。1/10 模型采用 80、160、320、480 kg 四种规格的质量块,1/20 模型采用 10、20、40、60 kg 四种规格的质量块,所用质量块采用配重铁块搭配而成。

在第二阶段试验中,浇筑了缩尺 1/10 的框架结构加箱形基础一个,缩尺 1/10 的框架结构及其底梁一个。12 层框架结构模型采用逐层现浇,施工中严格控制构件尺寸和混凝土配合比。为了便于对比,减少模型制作带来的影响,模型同时施工。

2.5　材料性能指标

2.5.1　模型土的性能指标

试验所用模型土经加水在搅拌机中拌和均匀,是一种重塑的非饱和、欠固结土。为了反映重塑模型土的物理性质及其动力特性参数,在同济大学土动力学试验室进行了试验用重塑土的动力特性试验。通过重塑土动力特性试验,测定了模型土的物理参数以及重塑土在不同容重和含水量时动剪应变 γ_d 在 $10^{-6} \sim 10^{-2}$ 范围内的 $G_d/G_0 \sim \gamma_d$、$D \sim \gamma_d$ 关系曲线,此处 G_d、G_0、D、γ_d 分别为动剪切模量、初始动剪切模量、阻尼比和动剪应变。

重塑土的动力特性试验包括常规物理性能试验和共振柱、循环三轴联合试验。常规物理性能试验测定土的容重 γ、含水量 ω、比重 G、饱和度 Sr、孔隙比 e 和颗粒分析等,共振柱、循环三轴联合试验采用美国进口的 V. P. Drnevich 共振柱仪和 C. K. C 循环三轴仪进行。

重塑土的物理性试验结果见表 2-3 和表 2-4,试验获得的 $G_d/G_0 \sim \gamma_d$、$D \sim \gamma_d$ 关系曲线见图 2-5～图 2-7。由重塑土的动力特性试验得到了以下结论:

(1) 不同容重和含水量的土的 $G_d/G_0 \sim \gamma_d$、$D \sim \gamma_d$ 关系曲线基本一致,而初始动剪切模量 G_0 随容重、含水量、有效固结压力和排水状态等的不同而不同。表 2-4 列出了初始动剪切模量 G_0 数值。

(2) 在有效均等固结压力 σ_{3c}' 相同的条件下,G_0 随容重增大而增大,随含水量增大而减小。

(3) 动剪切模量 G_d 随密实固结时间 t 的增加而略有增大,但增长幅度不大。砂质粉土在不排水状态下的上述变化主要是由土颗粒结构的重新调整和孔隙中密封气体受压缩而导致土样密实引起的。

(4) 由有效固结压力不同而其他条件均相同的Ⅷ-1、Ⅷ-2 试样的试验结果得到,初始动剪切模量 G_0 与有效均等固结压力 σ'_{3c} 的平方根成正比。

(5) 由Ⅶ-1 与Ⅶ-2、Ⅷ-2 与Ⅷ-3 二组试样的试验结果可知:在相同的均等固结压力(0.100 MPa)、相同的动剪切应变($2.0 \times 10^{-5} \sim 2.4 \times 10^{-5}$)、相同固结时间(1 天)时,排水固结状态下试验得到的 G_d 值约为不排水固结状态下的 4 倍。

表 2-3　土的物理试验结果

阶段	试样编号	送样时间	试样取自	土　名	容重 γ (kN/m³)	含水量 ω	比重 G	饱和度 Sr	孔隙比 e
第一阶段	6-1 6-2	2000.1.13	BC20 试验前	砂质粉土 砂质粉土	17.93 18.13	32.4% 32.2%	2.70 2.70	91.8% 93.6%	0.953 0.929
第一阶段	10-1 10-2	2000.1.21	BC10 试验前	砂质粉土 砂质粉土	17.93 18.03	34.9% 33.8%	2.70 2.70	95.2% 94.8%	0.990 0.963
第二阶段	18-1 18-2	2001.1.5	BS10 试验后	粉质黏土 粉质黏土	18.46 18.41	27.8% 28.9%	2.72 2.72	89.4% 90.7%	0.846 0.867
第二阶段	19-1 19-2	2001.1.5	BS10 试验后	砂质粉土 砂质粉土	18.62 18.11	25.6% 25.1%	2.70 2.70	84.2% 81.8%	0.821 0.828
第二阶段	20-1 20-2	2001.1.5	BS10 试验后	中　砂 中　砂	20.19 20.04	9.4% 8.6%	2.67 2.67	60.0% 54.9%	0.418 0.418

表 2-4　重塑土特性试验结果

土名	试样编号	颗粒级配(mm) 0.005~0.074	<0.005	容重 γ (kN/m³)	含水量 ω	比重 G	饱和度 Sr	孔隙比 e	排水状态	固结压力 σ'_{3c} (MPa)	G_0 (MPa)
砂质粉土	Ⅰ-1	94	6	18.03	40.5%	2.70	100.0%	1.062	排水	0.050	33.11
	Ⅰ-2	96	4	17.54	40.5%	2.70	97.7%	1.119	排水	0.050	24.50
	Ⅱ-1	94	6	18.33	34.6%	2.70	99.1%	0.943	排水	0.050	41.63
	Ⅱ-2	95	5	17.74	34.6%	2.70	92.7%	1.008	排水	0.050	32.51
	Ⅲ-1	94	6	17.93	30.0%	2.70	88.2%	0.918	排水	0.050	44.65
	Ⅲ-2	94	6	16.95	30.0%	2.70	78.7%	1.029	排水	0.050	30.95
	Ⅶ-1	92	8	18.72	28.6%	2.70	94.4%	0.818	排水	0.100	87.95
	Ⅶ-2	92	8	18.72	28.6%	2.70	94.4%	0.818	不排水	0.100	
	Ⅷ-1	93	7	18.32	27.8%	2.70	88.8%	0.845	排水	0.050	58.41
	Ⅷ-2	93	7	18.32	27.8%	2.70	88.8%	0.845	排水	0.100	82.30
	Ⅷ-3	93	7	18.32	27.8%	2.70	88.8%	0.845	不排水	0.100	

续　表

土名	试样编号	颗粒级配(mm)		容重 γ (kN/m³)	含水量 ω	比重 G	饱和度 Sr	孔隙比 e	排水状态	固结压力 σ'₃c (MPa)	G₀ (MPa)
		0.005～0.074	<0.005								
粉质黏土	Ⅰ-1			18.38	27.4%	2.73	87.6%	0.854	不排水	0.050	
	Ⅰ-2			18.38	27.4%	2.73	87.6%	0.854	不排水	0.050	
	Ⅰ-3			18.38	27.4%	2.73	87.6%	0.854	排水	0.050	29.90
	Ⅰ-4			18.38	27.4%	2.73	87.6%	0.854	不排水	0.100	
	Ⅰ-5			18.38	27.4%	2.73	87.6%	0.854	不排水	0.100	
	Ⅰ-6			18.38	27.4%	2.73	87.6%	0.854	排水	0.100	41.55
	Ⅱ-1			17.84	25.7%	2.73	79.3%	0.885	排水	0.050	27.04
	Ⅱ-2			18.10	27.5%	2.73	84.8%	0.885	排水	0.050	26.10
	Ⅱ-3			17.96	29.2%	2.73	86.2%	0.925	排水	0.050	23.15
	Ⅱ-4			18.84	25.7%	2.73	89.4%	0.785	排水	0.050	37.31
	Ⅱ-5			18.96	27.5%	2.73	94.0%	0.799	排水	0.050	35.45
	Ⅱ-6			18.72	29.2%	2.73	94.2%	0.846	排水	0.050	30.25
中砂	Ⅲ-1			19.11	11.5%	2.67	58.3%	0.527	不排水	0.050	
	Ⅲ-2			19.11	11.5%	2.67	58.3%	0.527	不排水	0.050	
	Ⅲ-3			19.11	11.5%	2.67	58.3%	0.527	排水	0.050	54.98
	Ⅲ-4			19.11	11.5%	2.67	58.3%	0.527	不排水	0.100	
	Ⅲ-5			19.11	11.5%	2.67	58.3%	0.527	不排水	0.100	
	Ⅲ-6			19.11	11.5%	2.67	58.3%	0.527	排水	0.100	74.74
	Ⅳ-1			18.70	8.5%	2.67	43.8%	0.518	排水	0.050	56.67
	Ⅳ-2			18.62	10.2%	2.67	49.6%	0.549	排水	0.050	48.90
	Ⅳ-3			19.32	12.5%	2.67	63.7%	0.524	排水	0.050	55.08
	Ⅳ-4			20.06	8.5%	2.67	54.7%	0.415	排水	0.050	76.70
	Ⅳ-5			19.40	10.2%	2.67	56.0%	0.486	排水	0.050	60.74
	Ⅳ-6			20.03	12.5%	2.67	71.0%	0.470	排水	0.050	66.35

注:"砂质粉土模型试验土的动力特性试验"于2001年5月完成,"粉质黏土和中砂模型试验土的动力特性试验"于2001年11月完成,因此表中砂质粉土与粉质黏土和中砂的试样编号出现重复。

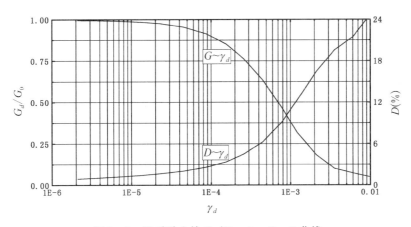

图 2 - 5　粉质黏土的 $G_d/G_0 \sim \gamma_d$、$D \sim \gamma_d$ 曲线

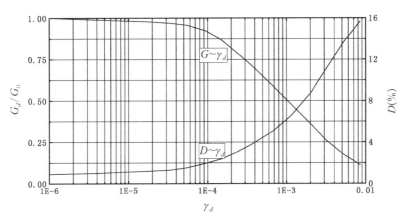

图 2 - 6　砂质粉土的 $G_d/G_0 \sim \gamma_d$、$D \sim \gamma_d$ 曲线

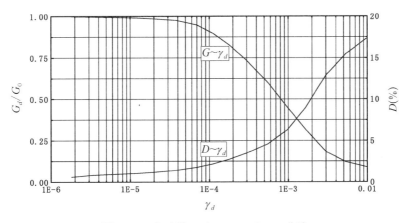

图 2 - 7　中砂的 $G_d/G_0 \sim \gamma_d$、$D \sim \gamma_d$ 曲线

2.5.2 混凝土材性试验结果

在浇筑模型的同时预留了混凝土试样,材性试验结果如表 2-5 所示。

表 2-5　混凝土材性试验结果

阶段	类别	试样组号	浇筑日期	立方体强度（MPa）	弹性模量（MPa）	弹模均值（MPa）
第一阶段	微粒混凝土	1	1999.11.7	5.535	7.318×10³	
		2	1999.11.12	4.735	6.512×10³	
		3	1999.11.17	5.602		
	普通混凝土	4	1999.11.7	10.963	16.298×10³	
		5	1999.11.12	15.111	22.058×10³	
		6	1999.11.17	17.333	24.713×10³	
第二阶段	微粒混凝土	0F	2000.10.13	8.236	10.377×10³	
		1F	2000.10.19	7.302	8.424×10³	7.979×10³
		2F	2000.10.21	6.702	7.705×10³	
		3F	2000.10.24	3.834	7.727×10³	
		4F	2000.10.26	5.268	8.452×10³	
		5F	2000.11.2	5.102	8.031×10³	
		6F	2000.11.4	5.468	8.746×10³	
		7F	2000.11.7	4.735	7.793×10³	
		8F	2000.11.9	4.268	7.571×10³	
		9F	2000.11.12	7.135	8.550×10³	
		10F	2000.11.13	6.802	7.341×10³	
		11F	2000.11.16	5.502	7.533×10³	
		12F	2000.11.17	6.302	7.869×10³	

注:(1) 微粒混凝土的立方体抗压强度试件尺寸为 70.7 mm×70.7 mm×70.7 mm;
　　(2) 普通混凝土的立方体抗压强度试件尺寸为 150 mm×150 mm×150 mm;
　　(3) 弹性模量试件尺寸为 100 mm×100 mm×300 mm;
　　(4) 第二阶段试样组号 0F 对应浇筑模型底座的微粒混凝土,不计入弹性模量平均值。

2.5.3 钢筋材性试验结果

试件所用钢筋的材性试验结果如表 2-6 所示。

表 2 - 6   钢筋的材性试验结果

名 称	型 号	直径 （mm）	面积 （mm²）	屈服强度 （MPa）	极限强度 （MPa）
铁丝	20♯	0.90	0.63	327	397
	18♯	1.20	1.13	347	420
	16♯	1.60	2.00	270	344
	14♯	2.11	3.50	391	560
圆 钢	Φ4	4	12.6		660.5
	Φ6	6	28.3	346.6	512.8
	Φ12	12	113.0	340.4	512.8

2.5.4   橡胶材性试验结果

试验容器外壁采用橡胶制作，该橡胶的邵氏硬度实测值为 73。

2.6   测点布置及量测

试验中采用加速度计、应变传感器量测上部结构、基础和地基土体的动力响应。试验的测点布置如图 2 - 8～图 2 - 11 所示。

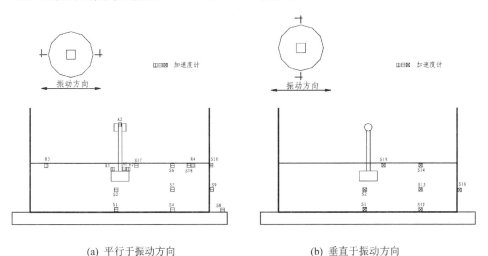

(a) 平行于振动方向　　　　　　　　(b) 垂直于振动方向

图 2 - 8   BC20 试验测点布置

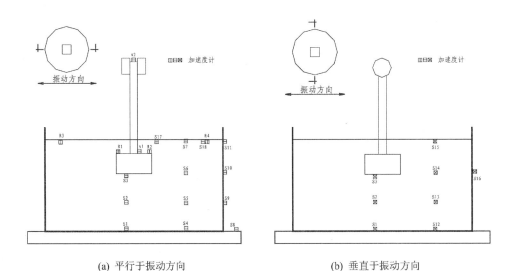

(a) 平行于振动方向   (b) 垂直于振动方向

图 2-9　BC10 试验测点布置

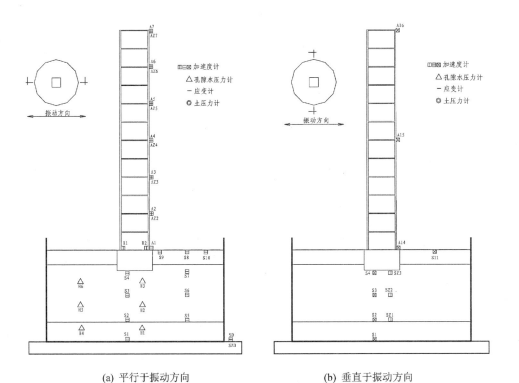

(a) 平行于振动方向   (b) 垂直于振动方向

图 2-10　BS10 试验测点布置

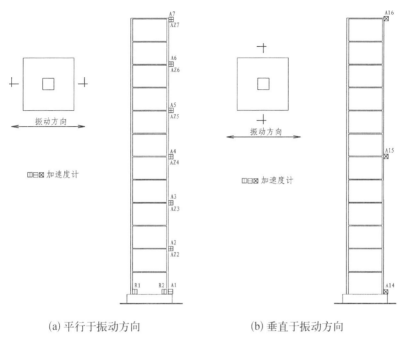

(a) 平行于振动方向　　　　　　　(b) 垂直于振动方向

图 2-11　S10 试验测点布置

2.7　加速度输入波的选择

　　第一阶段试验选用地震波形有 El Centro 波、上海人工波及正弦波;第二阶段试验选用地震波形有 El Centro 波、上海人工波及 Kobe 波,为了解竖向激励对结构-地基相互作用规律的影响,第二阶段试验中的某些工况同时输入 X 向和 Z 向双向 El Centro 波或 Kobe 波。图 2-12~图 2-14 分别为 El Centro 波、上海人工波和 Kobe 波的加速度时程曲线及傅氏谱。

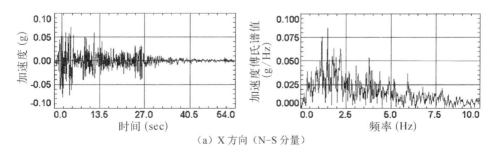

（a）X 方向（N-S 分量）

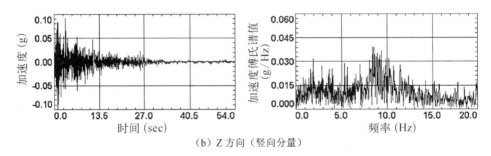

（b）Z方向（竖向分量）

图 2 - 12　El Centro 波时程及其傅氏谱

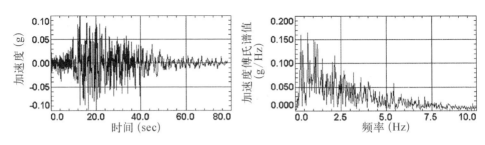

图 2 - 13　上海人工波时程及其傅氏谱

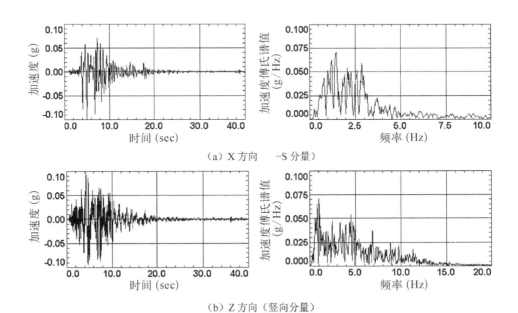

（a）X方向　　-S分量）

（b）Z方向（竖向分量）

图 2 - 14　Kobe 波时程及其傅氏谱

2.8　试验加载制度

第一阶段试验采用单向(X 向)输入激励,台面输入波形为 El Centro 波、上海人工波及正弦波;第二阶段试验采用单向(X 向)和双向(X 向和 Z 向)输入激励,台面输入波形为 El Centro 波、上海人工波及 Kobe 波。加速度峰值按我国抗震规范的地震震中烈度加速度值对应输入,并按相似关系调整加速度峰值和时间间隔。

第一阶段的结构-箱基动力相互作用体系振动台试验,即 BC20 和 BC10 试验的加载制度见表 2-7,每个试验有 52 个工况。在同一加速度峰值大小下,先对质量块为 A 的情况输入各种波形,依次增加质量块到 B、C、D 进行试验,然后加大输入加速度峰值进行下一级试验。每次改变质量块的前后都输入小振幅的白噪声激励,观察结构-地基系统动力特性的变化。在实际试验中,BC20 和 BC10 试验由于产生过大的倾斜,没有完成计划的全部工况而终止。

表 2-7　BC20、BC10 试验加载制度

序　　号	工况代号				加速度峰值(g)			备注
	质量块 A	质量块 B	质量块 C	质量块 D	原型	1/20 模型	1/10 模型	
1、6、11、16	WN1	WN3	WN5	WN7		0.07	0.07	
2、7、12、17	EL1a	EL1b	EL1c	EL1d	0.1	0.488	0.244	七度
3、8、13、18	SH1a	SH1b	SH1c	SH1d	0.1	0.488	0.244	七度
4、9、14、19	F1a	F1b	F1c	F1d	0.1	0.488	0.244	七度
5、10、15、20	WN2	WN4	WN6	WN8		0.07	0.07	
21、25、29、33	WN9	WN11	WN13	WN15		0.07	0.07	
22、26、30、34	EL2a	EL2b	EL2c	EL2d	0.2	0.976	0.488	八度
23、27、31、35	SH2a	SH2b	SH2c	SH2d	0.2	0.976	0.488	八度
24、28、32、36	WN10	WN12	WN14	WN16		0.07	0.07	
37、41、45、49	WN17	WN19	WN21	WN23		0.07	0.07	
38、42、46、50	EL3a	EL3b	EL3c	EL3d	0.3	1.464	0.732	
39、43、47、51	SH3a	SH3b	SH3c	SH3d	0.3	1.464	0.732	
40、44、48、52	WN18	WN20	WN22	WN24		0.07	0.07	

注:EL——El Centro 波;SH——上海人工波;F——正弦波;WN——白噪声。

第二阶段的结构-箱基动力相互作用体系振动台试验(BS10)和2个刚性地基上框架结构的试验(S10)的加载制度见表2-8。每个试验有40个工况。每次改变加速度输入大小时都输入小振幅的白噪声激励,观察模型系统动力特性的变化。在实际试验中,S10试验在未完成计划的全部工况时,模型已严重破坏而终止。

表 2-8 BS10、S10 试验加载制度

序 号	工况代号	原 型		1/20 模型		1/10 模型		备 注
		X 向	Z 向	X 向	Z 向	X 向	Z 向	
1	1WN	—	—	0.07	—	0.07	—	
2、3、4	EL1、SH1、KB1	0.035	—	0.186	—	0.093	—	七度多遇
5、6、7	EL2、SH2、KB2	0.1	—	0.532	—	0.266	—	七度
8、9	ELZ2、KBZ2	0.1	0.1	0.532	0.532	0.266	0.266	
10	10WN	—	—	0.07	—	0.07	—	
11、12、13	EL3、SH3、KB3	0.15	—	0.798	—	0.399	—	
14、15	ELZ3、KBZ3	0.15	0.15	0.798	0.798	0.399	0.399	
16	16WN	—	—	0.07	—	0.07	—	
17、18、19	EL4、SH4、KB4	0.2	—	1.064	—	0.532	—	八度
20、21	ELZ4、KBZ4	0.2	0.2	1.064	1.064	0.532	0.532	
22	22WN	—	—	0.07	—	0.07	—	
23、24、25	EL5、SH5、KB5	0.25	—	1.330	—	0.665	—	
26、27	ELZ5、KBZ5	0.25	0.2	1.330	1.064	0.665	0.532	
28	28WN	—	—	0.07	—	0.07	—	
29、30、31	EL6、SH6、KB6	0.3	—	1.596	—	0.798	—	
32、33	ELZ6、KBZ6	0.3	0.2	1.596	1.064	0.798	0.532	
34	34WN	—	—	0.07	—	0.07	—	
35、36、37	EL7、SH7、KB7	0.35	—	1.862	—	0.931	—	
38、39	ELZ7、KBZ7	0.35	0.2	1.862	1.064	0.931	0.532	
40	40WN	—	—	0.07	—	0.07	—	

注:EL——El Centro 波(X 单向);ELZ——El Centro 波(X、Z 双向);SH——上海人工波(X 单向);
  KB——Kobe 波(X 单向);KBZ——Kobe 波(X、Z 双向)。

2.9　主要试验结果与规律

2.9.1　均匀土-箱基-结构相互作用体系振动台试验

第一阶段试验共进行了 2 次均匀土-箱基-单柱质量块动力相互作用体系的振动台模型试验。其中 BC20 试验的模型比为 1∶20,BC10 试验的模型比为 1∶10,模型土基本上没有固结时间。箱基与上部结构的模型是整体浇筑的,将模型安装到模型土体中静置 2 天后进行振动台试验,在这两天中,土体有析水,但水量不多。

BC20、BC10 试验原计划各进行 52 个工况的振动试验,在实际试验中分别进行到第 48 和 31 工况后,因结构严重倾斜而终止试验,加载过程见表 2-7。试验中通过装拆配重改变上部结构的质量块,共 4 级,分别为 a、b、c 和 d。输入地震波为 El Centro 波、上海人工波和正弦波三种。为了方便,在以下叙述中以工况代号表示各工况,如 BC20 试验中 EL1a 表示上部结构质量块为 a(10 kg)时、峰值为 0.487 9 g 的 El Centro 波作用下的工况,工况代号见表 2-7。试验时的模型如图 2-15、图 2-16 所示。

图 2-15　BC20 试验模型　　　　　图 2-16　BC10 试验模型

1. 试验现象

试验中的宏观现象主要有:① 在较小台面输入时,容器及土体反应较小,摆动不大,上部结构的位移反应也不大;随着台面输入峰值的增加,土体、结构的反应增强;② 随质量块的增加,上部结构的位移反应有下降的趋势;③ 在不同地震波输入情况下，土体及上部结构的地震动反应在上海人工波输入下最大，El Centro 波的反应较小。

在试验过程中没有砂土或粉土在地震中发生液化时所表现的典型的"喷水冒砂"现象，但有少量析水现象。在试验中可明显观察到土体变软，并由此引起了较严重的结构整体沉降；当加速度输入激励的峰值较小时，结构尚能保持垂直，当激励较大时，结构出现严重倾斜。BC20 试验时倾斜方向为正西方向，BC10 试验时倾斜方向为南偏东方向，倾斜的方向不一定在振动方向，而与振动方向、地基均匀性以及地基首先失效的部位等因素有关。这些现象与软土地基上箱形基础建筑的震害现象是一致的，说明本试验较好地再现了实际箱形基础结构的可能震害。

试验结束后，挖出箱基模型，没有发现任何裂缝。

2. 主要试验结果与规律

1）加速度峰值放大系数的分布

在 BC20 和 BC10 试验中，S1、S2、S3、A1 和 A2 为在同一平面位置、不同高度处的测点，S1 点位于容器底部土体中，S2、S3 点位于土体中，A1 点布置在箱基顶面、距离容器底面 0.65 m 或 1.3 m，而 A2 点位于上部结构柱顶、距容器底面 1.4 m 或 2.8 m。由这些测点得到的加速度记录相对容器底板上测点 S8 记录的加速度输入的峰值放大系数，绘出在不同峰值大小的不同地震波输入情况下、不同上部结构时，土-箱基-结构相互作用体系上不同高度处的加速度反应的峰值放大系数与测点高度的关系曲线，见图 2-17～图 2-19。从这些图中可以看出以下几点规律：

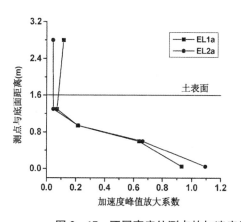
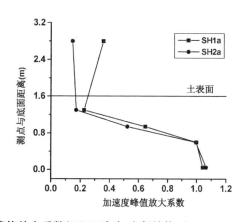

图 2-17 不同高度处测点的加速度峰值放大系数(BC10 试验、上部结构 a)

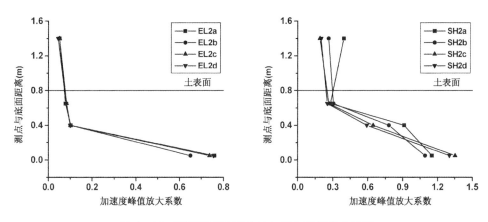

图 2-18　不同高度处测点的加速度峰值放大系数
（BC20 试验、峰值 0.975 8 g 的地震波输入、不同上部结构）

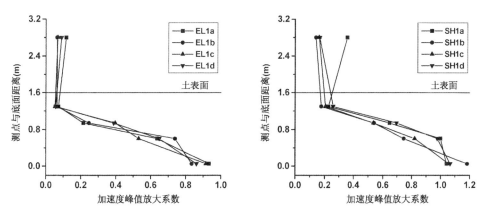

图 2-19　不同高度处测点的加速度峰值放大系数
（BC10 试验、峰值 0.244 g 的地震波输入、不同上部结构）

（1）整个体系的加速度峰值反应放大系数在高度上呈"K"形分布；在土体中，离底面的距离越大，土体的加速度峰值放大系数越小；箱基顶面测点的反应较小；而上部结构的反应与箱基顶面测点的反应相当，数值上略大或略小。

（2）相对于台面输入的加速度峰值，各点的加速度峰值放大系数均小于 1，软土起到减振隔震作用。

（3）随着输入激励的增大，加速度峰值放大系数减小。其原因可能是由于随着试验振动次数的增加和输入振动的增强，土体不断软化、非线性加强、土传递振动的能力减弱。

（4）随着上部结构质量块的增加，各测点的加速度峰值反应的变化不大，而上部结构柱顶的加速度反应峰值放大系数略有下降的趋势。

（5）在上海人工波输入下的反应较 El Centro 波下的大。这与试验中观察到的现象一致，原因是上海人工波的低频成分丰富，而土体和体系的频率也很小。

2）柱顶加速度反应组成分析

柱顶位移由平动、转动和柱子的弹性变形三部分组成（图 2 - 20），故有：

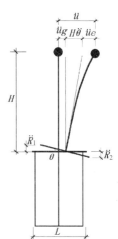

$$\ddot{u} = \ddot{u}_g + H\frac{\ddot{R}_1 + \ddot{R}_2}{L} + \ddot{u}_e \qquad (2-1)$$

式中：$\ddot{u}$ ——柱顶总加速度反应，通过柱顶点 A2 给出；

$\ddot{u}_g$ ——柱底平动加速度反应，可通过基顶点 A1 给出；

$\ddot{R}_1$、$\ddot{R}_2$ ——基顶的点 R_1、R_2 的竖向加速度反应。

图 2 - 20　柱顶加速度反应组成分析

这样，柱子弹性变形引起的部分 $\ddot{u}_e$ 可由上式计算得到。

图 2 - 21 为 BC20 试验在部分工况下，组成柱顶加速度反应的各部分的时程及其傅氏谱。图中自上而下分别为柱顶总加速度反应 $\ddot{u}$、由基础转动引起的摆动分量 $H\ddot{\theta}$、平动分量 $\ddot{u}_g$ 和上部结构弹性变形分量 $\ddot{u}_e$。从图中看到如下的规律：

① 柱顶加速度反应主要由基础转动引起的摆动分量 $H\ddot{\theta}$ 组成，平动分量 $\ddot{u}_g$ 次之，而上部结构弹性变形分量 $\ddot{u}_e$ 很小。

② 从图 2 - 21 的傅氏谱图看到，柱顶总加速度反应 $\ddot{u}$ 与由基础转动引起的摆动分量 $H\ddot{\theta}$ 很相似，主要在低频区段两者有区别，而这正是平动分量反应较大的频率段。

3）相互作用对基底地震动的影响

图 2 - 22 为 BC20 试验中，输入均为峰值 0.4879 g 的上海人工波，质量块分别为 A、B、C、D 的工况下测得的土表面测点 S6 和基顶测点 A1 的加速度时程，图 2 - 23 为相应的傅氏谱。从时程图看到，A1 点的加速度峰值均比相应工况的 S6 点的峰值略小，即基础处的有效地震动输入比自由场地震动略小。从傅氏谱图看到，上部结构质量块大小的改变对 S6 点反应的影响很小。比较 A1 与 S6

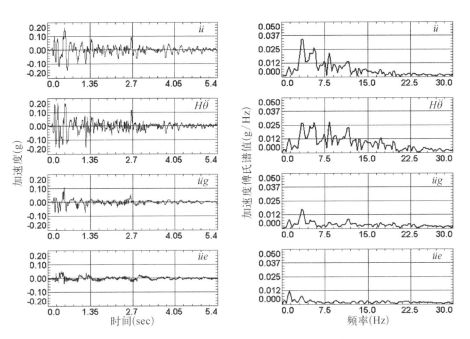

图 2-21　组成柱顶加速度各分量的时程和傅氏谱（BC20 试验、EL1a 工况）

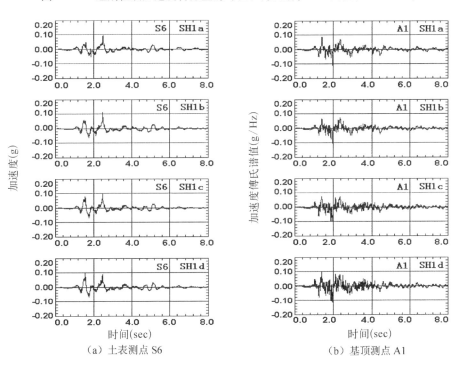

（a）土表测点 S6　　　　　　　　　　　（b）基顶测点 A1

图 2-22　土表测点与基顶测点的加速度时程（BC20 试验）

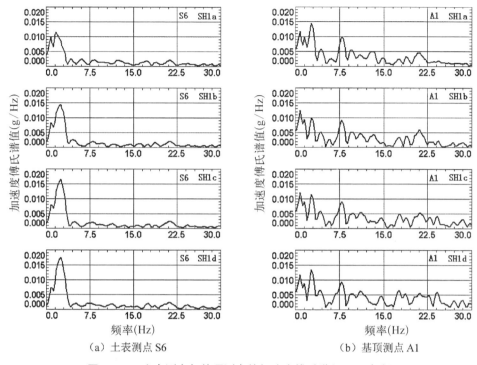

（a）土表测点 S6　　　　　　　　　（b）基顶测点 A1

图 2‑23　土表测点与基顶测点的加速度傅氏谱（BC20 试验）

点加速度反应的傅氏谱可见，A1 点反应与 S6 点反应明显不同，土表测点 S6 反应的频谱组成单纯，仅反映了土体的特性；而基础处测点 A1 的反应频谱组成丰富，反映了结构惯性相互作用的影响。

2.9.2　分层土-箱基-结构相互作用体系振动台试验

　　第二阶段试验进行了 1 个分层土-箱基-高层框架结构动力相互作用体系的振动台模型试验，试验编号 BS10，模型比为 1：10，模拟上海软土上箱形基础的小高层结构在地震作用下的反应。BS10 试验共进行 39 个工况的振动激励，加载过程见表 2‑8。为了方便，在以下叙述中以工况代号表示各工况，工况代号见表 2‑8。试验时的模型和容器在振动台上就位的情况如图 2‑24 所示。

图 2‑24　BS10 试验

1. 试验现象

BS10 试验中的宏观反应现象主要有：在较小台面加速度输入时，容器及土体反应较小，摆动不大，上部结构的位移反应也不大；随着台面输入加速度峰值的增加，土体、结构的反应增强；在不同地震波输入情况下，土体及上部结构的地震动反应以在上海人工波输入下最大，El Centro 波输入下反应较小，而 Kobe 波的反应最小。

试验中观测到结构的沉降和倾斜现象。在振动激励很小（相当于原型体系承受七度多遇地震）时，结构尚能保持垂直不倾斜；在承受相当于原型体系承受七度地震时，结构向西倾斜约 1‰；之后，随着振动工况的进行，沉降和倾斜不断增加。试验结束时测得基础沉降约为 6.5 cm；结构倾斜度为：向西约 5.6‰；向北 0.6‰。本试验中体系受到较小的地震动激励即产生结构沉降和倾斜的现象与前面所述均匀土-箱基-结构体系试验中的情况相似，这是因为箱基底面均置于砂质粉土层中。而本试验中结构倾斜程度明显小于均匀土-箱基-结构体系试验中的结构倾斜程度，则体现了上层黏性土对箱基侧面的约束作用，增大了基础转动刚度，从而提高了结构的抗倾覆能力。由此可见，在实际工程中，箱基的埋置深度和箱基侧面土体的性质与刚度，对于减小地震中的倾斜震害是很重要的影响因素。

试验结束后，挖出箱基模型，在箱基上没有发现任何裂缝。观测框架结构上的裂缝，在框架柱的底层柱底有细微裂缝，缝宽约 0.05 mm；在 1~5 层平行于振动方向的框架梁的梁端有细微的垂直裂缝，缝宽均小于 0.08 mm；其他部位没有裂缝。

在 BS10 试验过程中也观察到了如同砂土或粉土在地震中发生液化时所表现的"冒砂"现象。在强震激励下，不透水黏性土层覆盖下的砂质粉土层发生液化，水带着砂质粉土颗粒从黏性土层的薄弱处冒出，形成"冒砂"现象。在试验结束、静置约 4 小时后，土体有析水现象。

2. 主要试验结果与规律

1）加速度峰值大小的分布

利用试验中位于上部框架结构、箱基顶面及土体内不同高度处测点的加速度记录，得到相对容器底板上测点记录的加速度输入的峰值放大系数，绘出在不同峰值大小的不同地震波输入情况下，分层土-箱基-高层框架结构动力相互作用体系上不同高度处的加速度反应的峰值放大系数与测点高度的关系曲线。图 2-25 为 BS10 试验在单向地震波输入时体系水平方向加速度反应峰值放大系

数的分布曲线。从这些图中可以看到:

(1) 对于土体部分,土层传递振动的放大或减振作用与土层性质、激励大小等因素有关。对砂土层,一般起放大作用;对中间砂质粉土层,由于该层土较软,起减振隔震作用。

(2) 对于上部框架结构,在小震时,各层加速度反应峰值略有不同;在较大的地震激励下,由于土体的隔震作用,上部结构接受的振动能量很小,各层反应均很小,主要是由基础平动和转动引起的刚体反应。

(3) 随着输入加速度峰值的增加,加速度峰值放大系数一般减小。其原因是随着试验振动次数的增加和输入振动的增强,土中孔隙水压力上升、土体不断软化、非线性加强,土传递振动的能力减弱。但其影响因素很多,如输入地震波的频谱特性、各层土在该级工况激励时的频率特性、框架结构中细微裂缝等。

(4) 在相同峰值的加速度输入时,上海人工波激励下的反应较 El Centro 波和 Kobe 波激励下的反应大,这是由于上海人工波的频谱特性所致。

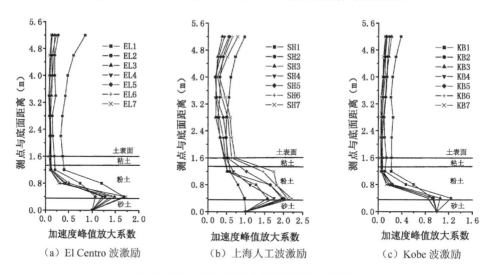

(a) El Centro 波激励　　　(b) 上海人工波激励　　　(c) Kobe 波激励

图 2-25　不同高度处加速度峰值放大系数
(BS10 试验、不同峰值单向地震波输入)

2) 结构顶层加速度反应组成分析

按图 2-20 和式(2-1)对分层土-箱基-高层框架结构相互作用体系的结构顶层加速度反应进行组成分析,图 2-26 分别为 BS10 试验在 EL2 工况下,组成结构顶层加速度反应的各部分的时程及其傅氏谱。图中自上而下分别为结构顶

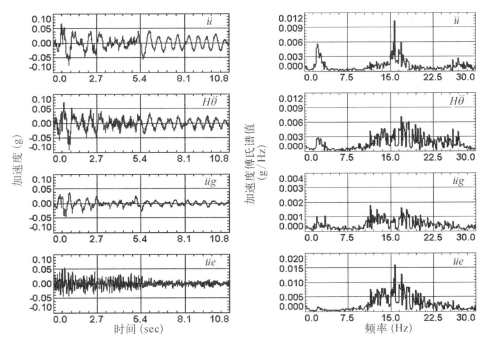

图 2 - 26　组成结构顶层加速度各分量的时程和傅氏谱(BS10 试验、EL2 工况)

层总加速度反应 $\ddot{u}$、由基础转动引起的摆动分量 $H\ddot{\theta}$、平动分量 $\ddot{u}_g$ 和上部框架结构变形分量 $\ddot{u}_e$。

从图中看到,结构顶层加速度反应主要由基础转动引起的摆动分量 $H\ddot{\theta}$ 组成,平动分量 $\ddot{u}_g$ 和上部框架结构的变形分量 $\ddot{u}_e$ 相对较小。与均匀土-箱基试验的规律相似。结构顶层加速度反应组成取决于基础转动刚度、平动刚度和上部结构刚度的相对大小。在均匀土-箱基试验和分层土-箱基试验中,箱基置于较软的砂质粉土层,基础转动刚度较小,上部结构刚度相对较大,由基础转动引起的摆动分量是结构顶部加速度反应的主要组成分量。

3) 软土的滤波隔震作用

一般认为,场地土会对基岩传来的地震动起放大作用,但试验中观测到软土地基对地震动的滤波和隔震作用。

图 2 - 27 是分层土的 BS10 试验工况 EL2 时部分测点测得的加速度时程及其傅氏谱,其中 S8、S7、S6、S5 是同一平面位置、自上而下不同高度的土中测点(参见图 2 - 10),SD 位于容器底板上。从图中看到,从 SD 点到 S5 点,加速度时程变化不大、峰值略微增大,两者的傅氏谱图相似,说明砂土层有效地传递了振

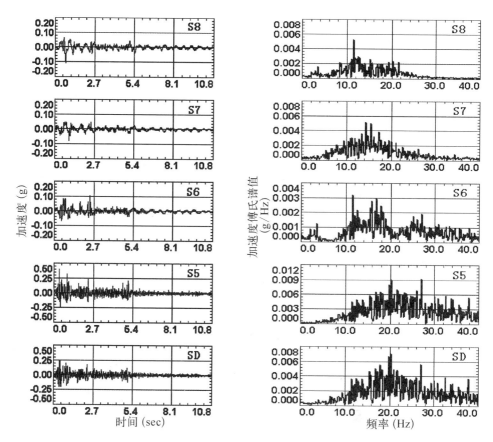

图 2-27 土中不同高度处测点的加速度时程及其傅氏谱
(BS10 试验、EL2 工况)

动,略起放大作用;从 S5 到 S7 点,加速度峰值依次减小,傅氏谱图向低频移,高频地震动分量减少,表明砂质粉土层起滤波和隔震作用。在小震下软土可能起放大作用,在较大的地震动激励时软土则起减振作用,而且随着振动激励次数增加、输入加速度峰值增大,软土的过滤和隔震作用更明显。由此可见,地基土层对地震动的影响与场地土特性、地震动大小等有关,不一定是放大作用,也可能起滤波隔震作用。

在日本神户地震后,人们发现地震烈度与地震加速度的实际分布不符合。认为原因可能是软土地基会加重地震烈度又会过滤一些高频地震动,从而减小地震动加速度[127]。试验正好反映了这种情况:软土地基起滤波和隔震作用,地表测得的加速度峰值较小,而结构反应主要取决于基础转动引起的摆动,地基失效时,地震烈度加重,而地震峰值加速度减小。

4）相互作用对结构动力反应的影响

通过结构-地基动力相互作用体系 BS10 试验与刚性地基上结构 S10 试验的试验结果的对比得出，相互作用引起结构动力特性的改变，自振频率减小，阻尼增大，振型改变；在相同的自由场地震动输入下，考虑相互作用的结构加速度、层间剪力、弯矩以及应变反应通常比刚性地基上的情况小；而位移则比刚性地基上的情况大。

5）竖向地震激励的影响

为了了解竖向地震对体系加速度反应峰值放大系数分布的影响，图 2‑28给出在 X、Z 双向地震波输入时，体系水平方向加速度反应峰值放大系数的分布曲线。

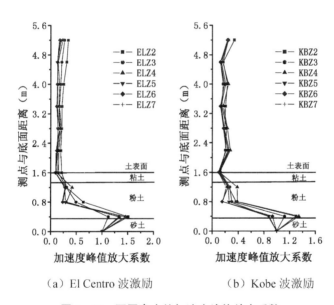

（a）El Centro 波激励　　　　（b）Kobe 波激励

**图 2‑28　不同高度处加速度峰值放大系数
（BS10 试验、双向地震波输入）**

比较图 2‑28 和图 2‑25，可看出，竖向地震波激励使体系在水平向的加速度反应峰值放大系数略有增大，其对分布曲线的规律没有明显的影响。

2.10　本章小结

本章介绍了均匀土-箱基-结构相互作用体系以及分层土-箱基-结构相互作

用体系振动台模型试验的主要情况,包括试验装置、试验模型的设计、材料性能指标、测点布置和量测、试验的加载制度、主要试验现象以及主要试验结果和规律等,为针对振动台试验进行计算分析提供了必要的数据,并为计算模型和计算方法的合理性提供了验证依据。

第 3 章
均匀土-箱基-结构动力相互作用体系振动台试验的计算分析

3.1 引 言

本章采用通用有限元软件 ANSYS,针对均匀土-箱基-结构相互作用体系的振动台试验(第一阶段试验),进行三维有限元分析,模拟、再现振动台试验的过程,并与试验结果进行对照研究,以此来揭示考虑土-结构动力相互作用时结构地震反应的有关规律,验证计算模型合理性、试验方案的可行性以及试验结果的可靠性。

3.2 建模方法和计算方法

对结构-地基动力相互作用振动台模型试验进行建模,是实现对模型试验进行计算机仿真和保证计算结果可靠的关键一步;而选用的计算方法,直接关系到计算的精度、稳定性和时间,在计算机仿真过程中也起着重要的作用。本节讨论利用 ANSYS 程序模拟再现结构-地基动力相互作用振动台模型试验中关于有限元建模和计算方法选取的若干问题。在建模方面,重点讨论了在 ANSYS 程序中实现起来较困难的柔性容器的模拟、土体材料非线性模拟和土体与结构接触界面上的状态非线性模拟,同时也讨论了网格划分、阻尼模型的选取、重力的影响、对称性利用和自由度不协调的处理等问题。在计算方法方面,主要讨论了模态分析和瞬态分析时所采用的方法。

3.2.1 建模方法

1. 柔性容器模拟

在振动台试验中,只能用有限尺寸的容器来装模型土。容器边界上的波动反射以及体系振动形态的变化将会给试验结果带来一定的误差,即所谓"模型箱效应"。为了减少模型箱效应,试验设计了一个柔性容器,详见第 2.3 节。

对土-结构相互作用振动台模型试验进行建模时,应反映柔性容器的性状。建模时容器侧壁采用三维壳单元 SHELL63 划分。容器底部与振动台台面用螺栓连接,且由于试验中采取适当措施使容器底板粗糙,可以忽略土与容器底部之间的相对滑移,建模时将土体底部考虑为固定端。

圆筒外侧的钢筋加固,在建模时比较难实现。若按实际情况将钢筋一圈圈地加上去,建模就会相当复杂。考虑到钢筋加固的目的是提供径向刚度,且允许土体作层状水平剪切变形,建模时将其考虑为:同一高度处沿圆筒周边的节点在沿地震波输入方向上(振动台 X 方向)具有相同的位移,并利用 ANSYS 软件中的自由度耦合功能来实现[128]。采用这样的建模方法,建模比较简单,而且能够满足精度的要求。本书第 3.3 节验证了这种建模方法的合理性。

2. 网格划分

在对相互作用体系进行网格划分时,要考虑波动对网格划分的影响,考虑模型的节点与试验的测点相对应,并要采用合适的网格单元尺寸,具体原则如下:

(1) 满足波动对网格划分的要求。如果单元尺寸过大,则波动的高频部分难以通过。研究表明[84],对于一般沿竖向传播的剪切波,单元高度可取为:

$$h_{max} = \left(\frac{1}{8} \sim \frac{1}{5} \right) \frac{v_s}{f_{max}} \qquad (3-1)$$

式中:v_s——剪切波速(m/s²);

f_{max}——截取的最大波动频率(Hz)。

单元的平面尺寸比高度尺寸的限制要求不甚严格,它取决于土层的情况,一般取 h_{max} 的 3～5 倍。

(2) 满足计算仿真与试验结果对照分析对网格划分的要求。使节点与试验的测点布置相对应,便于计算结果与试验结果进行对照分析。

(3) 满足求解精度对有限元网格划分的要求。单元网格越细,自由度数越多,计算精度越高,但计算所需时间和计算量也会很大。因而,应采用合适的网格单元尺寸。

　　3. 土体的动力本构模型与材料非线性模拟

　　土体本构模型的选取,不仅要考虑其能否比较真实地反映在给定环境下土的物理-力学特征,而且还要考虑是否可以获得该模型中所包含的参数的可靠数值。另外,还要考虑计算机的容量、速度以及计算费用与计算结果有效性之间的关系。土体动力本构模型主要有:双线性模型、等效线性模型、Iwan 模型、Martin-Finn-Seed 模型和内时模型等。在描述土性非线性方面,等效线性模型具有概念明确、应用方便等优点,在实际中应用最广泛。

　　采用等效线性模型时土层的划分一般应遵循下列原则:性质接近的场地土划为一层,但每层层厚不宜过大,否则由于土层深度变化引起的应力、位移变化难以确切反映。通常土层的卓越周期越长需要分割的数目越多。I. Midriss 等根据集中质点系模型按不同分割的计算结果与剪切梁法得到的解析解进行比较,给出土层基本自振周期与分割数 N 的关系曲线(图 3 - 1),可作为划分土层时的参考。

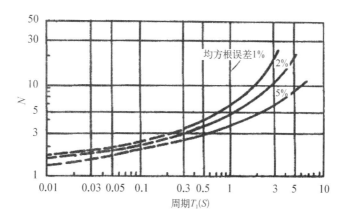

图 3 - 1　土层剪切振动的基本自振周期与土层分割数目的关系

　　本书在 BC20 试验的计算模型中,按土体的竖向划分,每层单元划分为一个土层,共划分了 11 个土层,符合图 3 - 1 对土层划分的要求。

　　采用等效线性模型的计算过程如下:计算时首先假定各层土一对动剪切模量 G_{d1} 和阻尼比 D_1,据此算出相应的有效动剪应变 γ_{d1},由此 γ_{d1} 值在土的动剪切模量和初始动剪切模量 G_0 之比与有效动剪应变 γ_d 关系曲线 $G_d/G_0 \sim \gamma_d$、阻尼比与有效动剪应变关系曲线 $D \sim \gamma_d$ 上找出对应的动剪切模量 G_{d2} 和阻尼比 D_2,重复以上步骤直至前后两轮的动剪切模量和阻尼比相差在允许范围内为止。由于剪应变随时间而变化,若按其最大值查找对应的 G、β 值,是不合适的,因而计算时取 0.65 倍的最大动剪应变作为有效动剪应变 γ_d[84]。

在假定每层初始剪切模量时,考虑了有效围压对初始剪切模量的影响。文献[129]给出下列关系:土的初始剪切模量与有效固结压力之比的平方根成正比,即:

$$\frac{G_i}{G_{i+1}} = \frac{\sqrt{\sigma_3^i}}{\sqrt{\sigma_3^{i+1}}} \tag{3-2}$$

式中:G_i——第 i 层土的初始剪切模量(Pa);

$\quad\quad G_{i+1}$——第 $i+1$ 层土的初始剪切模量(Pa);

$\quad\quad \sigma_3^i$——第 i 层土的有效固结压力(Pa);

$\quad\quad \sigma_3^{i+1}$——第 $i+1$ 层土的有效固结压力(Pa)。

本书利用 ANSYS 的参数化设计语言将上述土的等效线性模型及其计算过程并入 ANSYS 程序中,实现了材料非线性模拟。

试验中采用的重塑土进行了共振柱、循环三轴联合试验,得到了动剪应变 γ_d 在 $10^{-6} \sim 10^{-2}$ 范围内的 $G_d/G_0 \sim \gamma_d$、$D \sim \gamma_d$ 曲线[129],如图 2-5~图 2-7 所示。

4. 土体与结构接触界面上的状态非线性模拟

混凝土材料和土这样两种材性相差很远的介质的界面,当应力水平超过一定限制时,位移的连续性就会受到破坏,会发生相对滑移和分离。在一定的荷载条件下,界面又会在张开后重新闭合。以前的研究者主要采用 Goodman 单元、薄层单元以及薄层土单元这些界面单元来模拟土体与结构(或基础)接触界面上的状态非线性。本书利用 ANSYS 程序的接触单元实现接触分析。交界面处的土表面作为接触面、结构(或基础)表面刚度相对土体要大,将其作为目标面,在接触面上形成接触单元、目标面上形成目标单元,然后通过相同的实常数将对应的接触单元和目标单元定义为一个接触对,并假定接触面上存在库仑摩擦。通过选择合理的参数,可实现土与结构界面上的黏结、滑移、脱离、再闭合的状态模拟。

在 ANSYS 程序中,考虑一个由 N 个物体组成的接触系统,根据虚功原理得到平衡方程如下:

$$\sum_{L=1}^{N} \left\{ \int_V \sigma_{ij} \delta\varepsilon_{ij} \, \mathrm{d}V \right\} = \sum_{L=1}^{N} \left\{ \int_V \delta u_i f_i^B \, \mathrm{d}V + \int_{S_f} \delta u_i f_i^S \, \mathrm{d}S \right\} + \sum_{L=1}^{N} \int_{S_C} \delta u_i f_i^C \, \mathrm{d}S$$

$$(3-3)$$

等式的左边项表示内应力 σ 对虚应变 $\delta\varepsilon$ 所作虚功;等式右边第一、二项分别表示外力 f^B(面力)和 f^S(体力)对虚位移 δu 所作虚功;等式右边最后一项为接触力 f^C 对虚位移 δu 所作虚功。

在式(3-3)的平衡方程中,必须满足相应的接触条件如下:

(1) 法向条件

接触对法方向必须满足的条件是:

$$g \geqslant 0; \ \lambda \geqslant 0; \ g\lambda = 0 \tag{3-4}$$

式中,g 表示接触对之间的最短距离;λ 表示接触对之间牵引力的法向分量。$g\lambda = 0$ 表示如果 $g>0$ 则必须有 $\lambda=0$ 成立,反之 $\lambda>0$ 则必须有 $g=0$ 成立。无论接触对之间是否存在摩擦,此条件都必须满足。

(2) 切向条件

本书在求解接触问题时,假设接触面上存在着库仑摩擦,摩擦系数为 μ。令无量纲变量 τ 为 $\dfrac{T}{\mu\lambda}$,其中 T 为接触对之间牵引力的切向分量;$\mu\lambda$ 表示接触对之间的库仑摩擦力。令 $\dot{u}$ 为接触对之间的切向相对速度。由库仑摩擦定理得到接触面上必须满足的条件是:

$$|\tau| \leqslant 1,\text{而且当 } |\tau|<1 \text{ 时},\dot{u}=0;\text{当 } |\tau|=1 \text{ 时},sign(\dot{u})=sign(\tau)$$

$$(3-5)$$

令 w 为 g 和 λ 的函数,且方程 $w(g,\lambda)=0$ 的解满足式(3-4)给出的条件;令 v 为 τ 和 $\dot{u}$ 的函数,且方程 $v(\dot{u},\tau)=0$ 的解满足式(3-5)给出的条件。因此,接触条件可以表示为:

$$\begin{cases} w(g,\lambda)=0 & (3-6) \\ v(\dot{u},\tau)=0 & (3-7) \end{cases}$$

以上条件可以通过罚函数法或拉格朗日乘子法引入到由虚功原理得到的平衡方程中。与罚函数方法相比,拉格朗日方法不易引起病态条件,对接触刚度的灵敏度较小。可将变量 λ 和 τ 取为拉格朗日乘子,$\delta\lambda$ 和 $\delta\tau$ 分别为变量 λ 和 τ 的变分。$\delta\lambda$ 乘式(3-6)与 $\delta\tau$ 乘式(3-7)之和在物体 I 和 J 的接触面 S^{IJ} 上积分,

可得到约束方程为

$$\int_{S^{IJ}} \left[\delta\lambda w(g,\lambda) + \delta\tau v(\dot{u},\tau) \right] \mathrm{d}S^{IJ} = 0 \qquad (3-8)$$

对连续力学方程式(3-3)和式(3-8)进行离散化,得到以有限元网格节点的位移为基本未知量的方程组,对其叠代求解就得到了接触问题的答案。以上平衡方程以及接触条件都仅仅考虑了静力接触状态。在动力分析中,分布体力还应包括惯性力,而且在任何时刻,运动接触条件还必须满足接触体之间的位移、速度和加速度的协调性。

对于不考虑摩擦的接触问题,刚度矩阵是对称的,而考虑摩擦后会导致刚度矩阵不对称,叠代求解时采用不对称的求解器比使用对称的求解器花费机时更多,在 ANSYS 程序可以采用将不对称矩阵转化为对称矩阵的对称化算法。本文在求解接触问题时,假定接触面上存在库仑摩擦,采用了此对称化算法。

5. 阻尼模型的选取

结构的阻尼主要与材料的特性有关,在结构与地基的相互作用问题中,地基的阻尼往往大于结构本身的阻尼,应分别输入各自材料的阻尼,按直接集成法,组成阻尼矩阵[130]。而 ANSYS 程序中采用的瑞利阻尼,即:

$$\xi_j = \alpha/2\omega_j + \beta\omega_j/2 \qquad (3-9)$$

式(3-9)只能算出针对整个体系的质量阻尼系数 α 和刚度阻尼系数 β,不能考虑地基与结构阻尼的不同。而在大多数结构问题中,α 阻尼(质量阻尼)可忽略,在这种情况下:

$$\beta = 2\xi_j/\omega_j \qquad (3-10)$$

ANSYS 程序按上述只考虑 β 阻尼的思路提供了材料阻尼的输入方法,可针对不同材料输入相应的阻尼。总的阻尼矩阵按下式集成:

$$[C] = \sum_{j=1}^{NMAT} \beta_j [K_j] \qquad (3-11)$$

式中:

β_j——每种材料的刚度阻尼系数;

$[K_j]$——每种材料的刚度矩阵。

按上述输入材料阻尼后集成阻尼矩阵的方法,解决了结构和地基土阻尼不同的问题。本书计算中结构的阻尼比取 5%,土体的阻尼比利用前述试验得到

的 $D \sim \gamma_d$ 曲线进行迭代。

6. 重力的考虑

抗震设计及研究中,通常分别计算静力荷载及动力荷载作用下结构的内力,然后将它们线性叠加作为总的内力。本书采用的计算模型在土与结构(或基础)间加入接触单元模拟界面上的黏结、滑移、脱离、再闭合的状态变化。若在动力计算时不考虑重力的影响,重力引起的初始应力对接触状态的影响得不到考虑,也就不能真实反映土与结构的受力和变形情况。为此,本书将重力作为一种动力荷载并入动力计算。在计算用的地震波尚未施加前,将重力作为竖向的加速度场施加到体系上进行瞬态分析,作用一段时间后体系的反应趋于稳定,此时的反应为静平衡位置时的反应;然后,再将水平方向的地震波和重力同时作用到体系上,此时得出的反应是总反应,将总反应减掉静平衡位置的反应就可得到通常意义上的动力计算结果。

图 3-2 是模型比为 1:20 的 BC20 试验模型体系、输入 El Centro 波激励时,考虑重力与不考虑重力情况的基底中点接触压力时程。从图中可看出,不考虑重力作用时的基底接触压力明显小于考虑重力作用时的基底接触压力,而且不考虑重力时基础底面发生了土与基础接触面的脱离现象,考虑重力作用时则没有发生该现象。可见,在考虑土与基础之间的状态非线性时,若不考虑重力的作用,将造成较大的误差,不能反映真实情况。

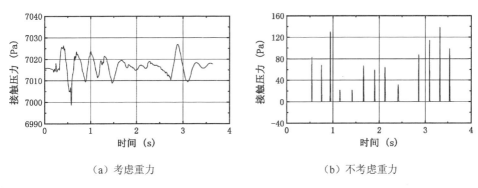

(a) 考虑重力　　　　　　　　　　　(b) 不考虑重力

图 3-2　基底中点接触压力时程(BC20 试验模型)

7. 结构中钢筋的处理

钢筋混凝土结构有限元模型一般有整体式、组合式和分离式三种[131]。其中分离式模型相对比较复杂,主要用于分析结构构件内微观受力机理,本书没有采用这种模型。这里以基础固定的钢筋混凝土单柱、受 X 方向 El Centro 地震波

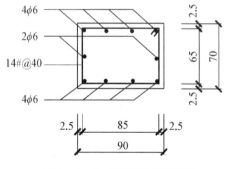

图 3 - 3 1 : 20 柱截面配筋图

激励的情况,来说明建模时结构中钢筋的不同处理方法对计算结果和计算时间的影响,柱截面尺寸及其配筋如图 3 - 3 所示。分三种情况对其进行对比讨论:① 忽略钢筋作用。将柱子材料简单地当作各向同性均一的素混凝土材料处理。② 整体式模型。将钢筋弥散于整个单元中,并把单元视为连续均匀材料,钢筋对整个结构的贡献,通过刚度 EI 等效原则提高材料的弹性模量来实现,混凝土的初始弹模是 22.058×10^3 MPa,按刚度 EI 等效原则调整后的弹模是 38.584×10^3 MPa。③ 组合式模型。采用 ANSYS 软件中的钢筋混凝土组合单元 SOLID65 划分钢筋混凝土单柱。以上三种情况下的计算时间分别为 0.5 小时、0.5 小时和 11 小时,结构的基频分别为 28.12、37.10 和 35.70,通过进一步比较加速度时程图,发现忽略钢筋作用时的结果与组合式模型的结果相差较远,而整体式模型的结果与组合式模型的结果较接近。可见,采用刚度 EI 等效方法调整弹模的整体式模型,不仅可以得到令人满意的结果,而且建模简单、计算时间大为节省。

8. 对称性的利用

为了降低自由度、减少计算时间,建模中可利用对称性原理。

在本试验中,土体、基础、上部结构组成的体系,几何形状关于 X 轴对称;地震波沿振动台 X 方向单向输入,可认为动荷载关于 X 轴正对称,因而整个结构沿 X 轴正对称。可沿 $Y = 0$ 平面将体系一分为二,取体系的二分之一为研究对象,在 $Y = 0$ 处加上正对称边界,约束边界上节点沿 Y 轴方向的位移、沿 X 轴和 Z 轴方向的转动。

试验的整个体系,几何形状关于 Y 轴也是对称的;地震波沿振动台 X 方向单向输入,可认为动荷载关于 Y 轴反对称,因而整个体系沿 Y 轴是反对称的。在不考虑大变形且进行线性计算时反对称是成立的,主要原因在于:考虑大变形时,结构的刚度矩阵要随结构的变形不断的变化,而发生大的变形以后,结构的刚度矩阵不再满足对称性,因而反对称不成立。考虑材料非线性时,由于在反对称荷载作用下,结构一侧受拉,一侧受压,且往往材料拉压不同性,造成结构刚度矩阵不满足对称性,因而反对称不成立。考虑接触面的状态非线性时,由于受拉和受压侧的状态比一致,即脱离、滑移等情况不一致,不满足几何形状的对称性,因而反对称不成立。

可见在不考虑大变形、材料非线性和接触面的状态非线性的情况下进行有限元计算,可以取体系的四分之一为研究对象,在 $Y=0$ 处加上正对称边界,约束边界上节点沿 Y 轴方向的位移、沿 X 轴和 Z 轴方向的转动;在 $X=0$ 处加上反对称边界,约束边界上节点沿 X 轴和 Z 轴方向的位移、沿 Y 轴方向的转动。

利用对称性,可以大大减少单元数目,降低自由度数,在求解时间的节约上是非常可观的。对于地震动输入相同的同一体系,采用相同网格划分。以整体、体系的二分之一和体系的四分之一为计算对象时,自由度数目分别为 17228、8084 和 3950,所需计算时间则分别为 35 小时、14 小时和 6 小时。经过计算验证,考虑与不考虑对称性,结果完全一致。

本书在进行计算时,由于采用了等效线性模型,因此计算中仅考虑线性或考虑材料非线性但不考虑接触面的状态非线性的情况采用了四分之一的模型,而在计算时同时考虑材料非线性和接触面状态非线性的情况则采用二分之一模型。

9. 自由度不协调的处理

在计算模型采用的单元中 MASS21、SHELL63 单元每个节点具有 6 个自由度：3 个平动自由度和 3 个旋转自由度,而采用的 SOLID45 单元每个节点只具有 3 个平动自由度,这样在不同单元交界处就存在自由度不协调的问题。例如在柔性容器(采用 SHELL63 单元)与土体(采用 SOLID45 单元)的交界面处,同一节点既属于 SHELL63 单元,每个节点具有 6 个自由度,该节点又属于 SOLID45 单元,每个节点只具有 3 个自由度。问题同样也存在于 MASS21 和 SOLID45 单元之间。

对于 MASS21 和 SOLID45、SHELL63 和 SOLID45 之间的自由度不协调问题,有两种解决方案：一是把 SOLID45 单元改为 SOLID73 单元。SOLID73 单元与 SOLID45 单元的区别在于每个节点具有 6 个自由度,因而不存在自由度的不协调问题,缺点在于采用 SOLID73 单元,模型的自由度数目增大很多。以 BC20 试验模型为例,采用 SOLID45 单元时模型的自由度数为 7793,改用 SOLID73 单元后模型的自由度数增加为 15928,显然采用 SOLID73 单元从计算时间上看是不经济的。第二种办法是采用放松自由度的做法。即在 MASS21 和 SOLID45 或 SHELL63 和 SOLID45 两种单元的交界面处,将公共节点的 3

个平动自由度耦合起来,即令两个单元的 X、Y、Z 三个方向的位移分别相等,同时将公共节点的 3 个转动自由度放松,不加任何约束。由于转动自由度只对应结构动能的极小部分,这样处理对结果的影响很小。为了检验效果,计算了一个采用 SOLID73 单元的模型和一个采用放松自由度方法的模型,两种方法的计算结果非常接近,图 3 - 4 为采用 SOLID73 单元和放松自由度方法的 A2、S6 点的结果比较。采用放松自由度的方法可以合理地解决 MASS21 和 SOLID45、SHELL63 和 SOLID45 单元之间自由度不协调的问题。

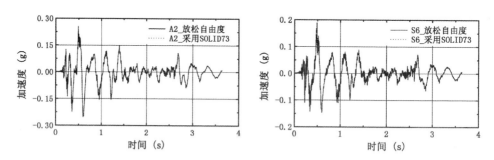

图 3 - 4 采用 SOLID73 单元和放松自由度方法的 A2、
S6 点的结果比较(BC20 试验模型)

3.2.2 计算方法

1. 模态分析方法

采用模态分析可以确定结构的振动特性(固有频率和振型),固有频率和振型是承受动力荷载结构设计中的重要参数。固有频率和振型对于进行谱分析、模态叠加法谐响应分析或动力时程分析也是必要的。

在 ANSYS 程序中,模态分析方法主要有:Subspace 方法、Block Lanczos 方法、PowerDynamics 方法、Reduced 方法、Unsymmetric 方法、Damped 方法等。Subspace 方法适用于大型对称特征值的求解;Block Lanczos 方法也适用于大型对称特征值的求解,而该方法采用稀疏矩阵求解器,比子空间方法具有更快的收敛速度;PowerDynamics 方法适用于非常大的模型(10 万个自由度以上),尤其适合于只求解结构前几阶模态以了解结构响应的情况,该方法采用集中质量矩阵;Reduced 方法采用缩减的系统矩阵来求解,比 Subspace 方法快速,但由于缩减质量矩阵是近似矩阵,求解精度比较低;Unsymmetric 方法用于系统矩阵为非对称矩阵的问题;Damped 方法用于阻尼不可忽略的问题。这六种方法中较常使用的是前四种,后两种只在特殊情况下才使用。

本书采用 Block Lanczos 方法,不仅适合于自由度较多的体系,而且收敛速度也比较迅速,同时具有一定的求解精度。

2. 时程分析方法

在 ANSYS 程序中,时程分析通常采用的方法有三种:Full(完全)方法、Reduced(缩减)方法及 Mode Superposition(模态叠加)方法。

Full 方法采用完整的系统矩阵计算瞬态响应,没有矩阵缩减。该方法的优点是:它是三种方法中功能最强大的,允许考虑各种类型的非线性特性,如塑性、大变形以及大应变等;容易使用,不必选择主自由度或振型;采用完整矩阵,因而不涉及质量矩阵的近似;在一次处理过程中计算出所有的位移和应力;允许施加所有类型的荷载,如节点力、外加位移以及单元荷载等;允许在实体模型上施加荷载。Full 方法最主要的缺点是计算机资源消耗多,但随着计算机科学的发展,Full 方法的这一缺点逐渐不再是其使用的障碍。

Reduced 方法通过采用主自由度及缩减矩阵压缩问题的规模,先计算主自由度处的位移,然后再将解扩展到初始的完整自由度集。该方法的主要优点是比 Full 方法计算快而且省花费。Reduced 方法的缺点:初始解只计算出了主自由度处的位移,要得到完整的位移、应力和力解就必须进行扩展处理;不能施加单元荷载;所有荷载必须加在用户定义的主自由度上,不允许在实体模型上施加荷载;整个时程分析过程中时间步长必须保持恒定,不允许采用自动时间步长;只允许考虑简单的点点接触这种非线性情况。

Mode Superposition 方法通过对模态分析得到的振型乘以因子再求和来计算结构的响应。该方法的优点:对于许多问题的求解,它比 Reduced 方法或 Full 方法更快而且花费更少;允许采用振型阻尼。Mode Superposition 方法的缺点:整个时程分析过程中时间步长必须保持恒定,不允许采用自动时间步长;只允许考虑简单的点点接触这种非线性情况;不能用来分析不固定或不连续结构;不能施加外加位移。

本书在考虑结构(或基础)与土体之间的状态非线性情况时,采用了比较复杂的面-面接触;并且考虑结构和地基分别输入不同的阻尼,不同的振型对于阻尼矩阵[C]不再是正交的,以致不同振型之间不能解耦。因而在进行时程分析时选择了开销最大但同时功能最强大的 Full 方法。

3. 地震波的截断

对相互作用体系振动台试验进行仿真分析中,计算完整的地震波输入下的结构-地基体系的反应会耗费相当多的计算机资源,因而要对振动台输入的地震波进行合理的截断。一般选择地震波持时的原则是：保证选择的持续时间内包含地震记录最强部分；当对结构进行最大地震反应分析时，持续时间可选短些；当分析地震作用下结构的耗能过程时，持续时间应选得长一些；尽量选择足够长的持续时间，一般建议取大于等于结构基本周期的 10 倍。一般对于Ⅰ类土，持续时间取为 10 s；Ⅱ、Ⅲ类土，持续时间取为 20 s；Ⅳ类土，持续时间为 30 s。

根据地震波持续时间的选取原则，对结构进行地震反应分析时，El Centro波和上海人工波分别取前 36 s 和 60 s 进行计算，实际计算时按振动台模型试验的相似关系折算到振动台输入地震波中去。

3.3 计算模型的合理性

在依据上述建模方法建立计算模型后，检验计算模型是否合理就成为进行计算之前最重要的一个问题。在以下各节中重点讨论了这方面问题，主要包括网格划分合理性的检验、计算与试验结果的对比；同时，也进行了考虑土体材料非线性和接触面状态非线性对体系动力反应影响的研究。

3.3.1 网格划分的合理性

在用 ANSYS 程序对土-结构相互作用振动台试验计算仿真的建模中，土体和基础采用三维实体单元 SOLID45；上部结构中，单柱采用三维实体单元 SOLID45，柱顶质量块采用质量单元 MASS21。

图 3 - 5 是采用上述单元，且满足第 3.2.1 节所述建模方法的1：20均匀土-箱基-结构试验 BC20 的网格划分图。

为了检验网格划分的合理性，针对图 3 - 5 所示 1：20 箱基模型，进行了网格细化和动力反应的对比。图 3 - 5 的网格划分图，自由度数目为7793，为了反映结构本身的面貌以及试验布置的测点，该网格不能再粗化；作为对比的网格细化后模型，自由度数目为 16314。将该两种情况在相同 El Centro 激励下进行计算和比较

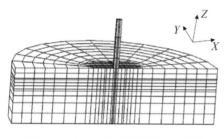

图 3 - 5　BC20 试验的模型网格划分

(图 3-6),可见对应点的加速度时程均吻合很好。而两者计算时间分别为 12 小时和 25 小时,说明图 3-5 给出的网格划分可以满足精度的要求了,而且可以大大节约计算时间。对于其他几个试验的网格划分也进行过类似的比较,可得到相同的结论。又由于网格的划分满足第 3.2.1 节所述的网格划分原则,因此,图 3-5 的模型网格划分是合理的。

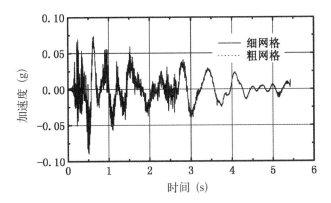

图 3-6　模型粗细网格划分柱顶 A2 点加速度时程
(BC20 试验模型)

3.3.2　考虑土体的材料非线性对计算结果的影响

为了研究考虑土体材料非线性对动力相互作用体系动力反应的影响,图 3-7 给出了土体按线性材料计算和考虑材料非线性后的加速度时程的比较结果。从图中可看出土体考虑材料非线性以后,柱顶 A2 点、基础顶面 A1 点、土中 S2 点和距容器中心 0.9 m 处土表 S6 点的加速度反应明显变小,其他点的规律也大致如此。土体考虑材料非线性后 A1、A2、S2 和 S6 点加速度峰值相对于土体线性计算结果的误差在 EL1a 工况下分别为 -53.8%、-58.0%、-50.7% 和 -53.5%。这是由于考虑土体的材料非线性后,土体动剪切模量减小,阻尼增大所致。

图 3-8 为 BC20 试验模型在 EL1a 工况下,土体动剪切模量 G_d 与初始动剪切模量 G_0 之比(G_d/G_0)在叠代过程中的变化情况,其中第一轮的动剪切模量比取为 0.85,图中可见叠代 4～5 轮之后,结果趋向稳定。

从以上叙述可见,在进行结构-地基动力相互作用体系的计算分析时,应考虑土体的材料非线性特性,否则会带来较大的误差。

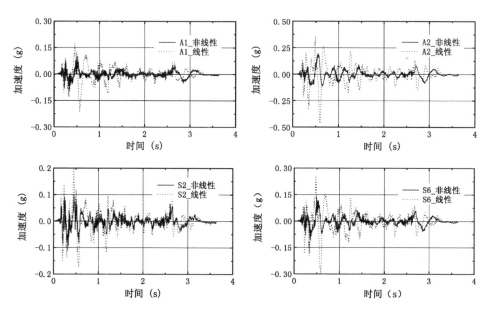

图 3-7 土体按线性和非线性考虑时各点计算结果比较
（BC20 试验模型、EL1a 工况）

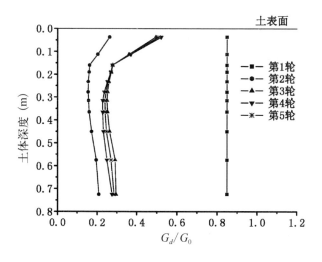

图 3-8 G_d/G_0 在迭代过程中的变化过程
（BC20 试验模型，EL1a 工况）

3.3.3 考虑土体与结构接触界面上的状态非线性对计算结果的影响

为了研究考虑土体与结构接触界面上的状态非线性后对相互作用体系动力

反应的影响,在下面进行了考虑与不考虑状态非线性体系加速度反应时程的
比较。

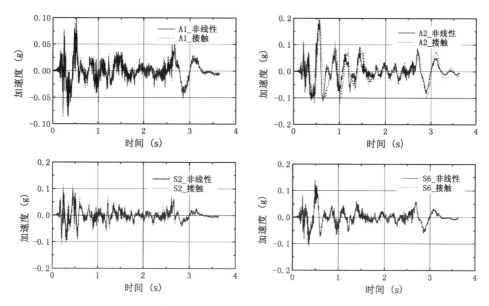

图 3-9 考虑非线性和接触时各点计算结果比较(BC20 试验模型、EL1a 工况)

当基础为箱基时,由图 3-9 看出,在已经考虑了土体的非线性后,进一步
考虑箱基与土体的接触之后,柱顶 A2 点、箱基顶面 A1 点和基础下方土中 S2
点的加速度反应发生了变化,但变化量不大,这主要是由于这几个点或者在结
构上或者距离结构不远,因而基础与土体接触状态的变化对这几个点的加速
度反应有影响。但由于整个箱基埋置在土中,四面都受到土的约束,虽然发生
了接触面的脱离和滑移,但值都不大,因而导致 A2 点、A1 点和 S2 点反应发生
变化但变化不大,峰值变化量分别为 -7.5%、1.7% 和 -15.4%。距容器中心
0.9 m 处土表 S6 点的加速度反应则基本上没有发生变化,主要是由于 S6 点距
基础足够远,因而基础与土体接触状态的变化对该处反应影响非常小,峰值变化
量为 0.64%。

3.3.4 计算与试验结果的比较

图 3-10 中,比较了箱基试验 BC20 中基顶测点 A1、柱顶测点 A2、容器中心
土中测点 S2、距容器中心 0.9 m 处的土中测点 S5 的计算与试验加速度时程。
从图中看出计算与试验结果符合较好,从而验证了计算模型的合理性,用该模型

来研究土-结构的动力相互作用是合适的;同时,也验证了试验方案的可行性及试验结果的可靠性。

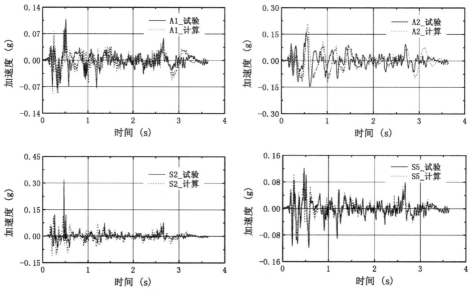

图 3-10　A1、A2、S2、S5 点计算与试验结果比较(BC20 试验,EL1a 工况)

3.4　均匀土-箱基-结构体系试验的计算结果分析

本节根据第一阶段均匀土-箱基-结构体系振动台试验计算机模拟得到的计算结果,从基础与土体接触状态、模型的加速度反应、相互作用对基底地震动的影响等方面对计算结果进行分析,对规律性结果进行归纳。通过结果分析以及计算与试验结果的对比,发现计算得出的规律与试验中得到的规律基本一致,从而进一步验证了计算模型的合理性和试验结果的可靠性。

3.4.1　基础滑移、提离与基底接触压力分布

为了了解箱基与土体接触界面的反应特性,计算中输出了箱基侧面和底面与土体之间的接触压力和滑移量。

1. 基础底面的滑移与提离

经过对基础底面各点的滑移绝对值时程和接触压力时程的分析,表明基础底面与土体之间发生了滑移;但由接触压力时程图上没有出现接触压力为零的现象,因而可知基础底面没有发生提离现象。限于篇幅,仅给出基础底面中点和端点的滑移绝对值时程图与接触压力时程图,如图3-11～图3-20。从图中看出随着输入激励增加,滑移值增大;且上海人工波输入下的滑移值比 El Centro 波输入下的滑移值大;而基底接触压力的大小主要和质量块的大小有关。

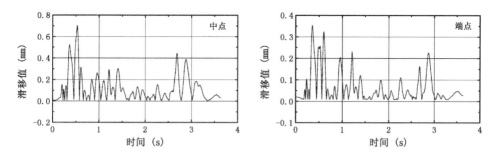

图 3-11　基础底面中点和端点的滑移绝对值时程图(BC20 试验模型,EL1a 工况)

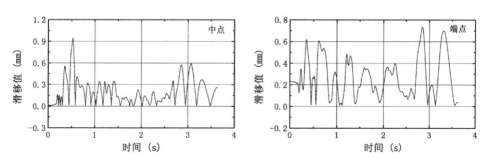

图 3-12　基础底面中点和端点的滑移绝对值时程图(BC20 试验模型,EL1d 工况)

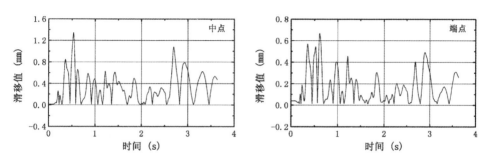

图 3-13　基础底面中点和端点的滑移绝对值时程图(BC20 试验模型,EL2a 工况)

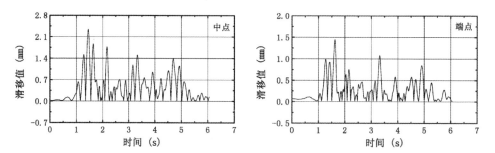

图 3-14　基础底面中点和端点的滑移绝对值时程图(BC20 试验模型,SH1a 工况)

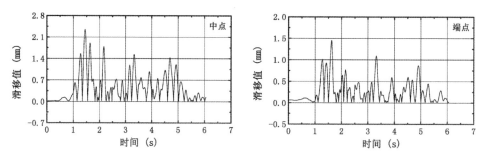

图 3-15　基础底面中点和端点的滑移绝对值时程图(BC20 试验模型,SH1d 工况)

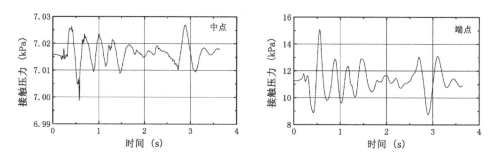

图 3-16　基础底面中点和端点的接触压力时程图(BC20 试验模型,EL1a 工况)

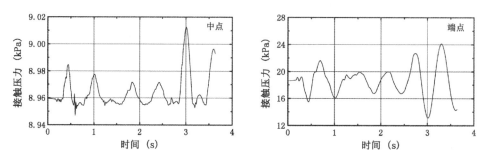

图 3-17　基础底面中点和端点的接触压力时程图(BC20 试验模型,EL1d 工况)

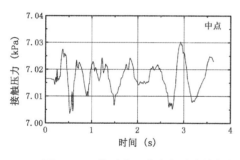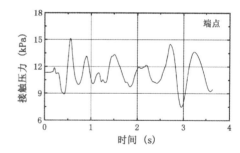

图 3-18 基础底面中点和端点的接触压力时程图(BC20 试验模型,EL2a 工况)

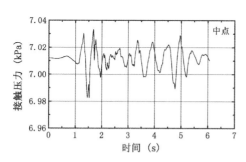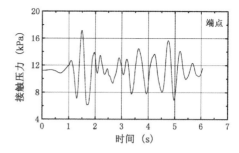

图 3-19 基础底面中点和端点的接触压力时程图(BC20 试验模型,SH1a 工况)

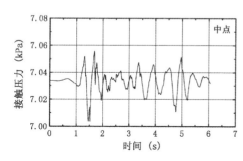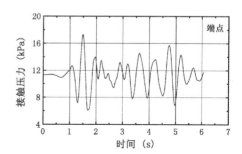

图 3-20 基础底面中点和端点的接触压力时程图(BC20 试验模型,SH1d 工况)

图 3-21 为某一时刻基础底面滑移量的等值线分布,由于对称,图中仅给出了 Y 轴正方向的分布情况,可看出,整个基础底面都发生了基础与土体之间的滑移现象。

2. 基础底面的接触压力

图 3-22 给出某一时刻下基础底面接触压力等值线分布情况,图 3-23～图 3-26 给出基础底面中线滑移量峰值与接触压力峰值分布图,可看到滑移量峰值在基础底面中线呈两边小、中间大的分布,而接触压力峰值在基础底面中线呈两边大、中间小的分布,且中间部分的接触压力在较大范围内大小比较接近。

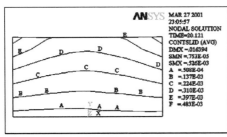

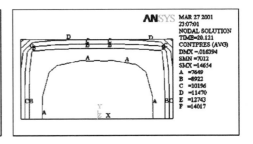

图 3－21　基础底面滑移量等值线　　　　图 3－22　基础底面接触压力等值线
　　　　　（BC20,EL1a）　　　　　　　　　　　　　（BC20,EL1a）

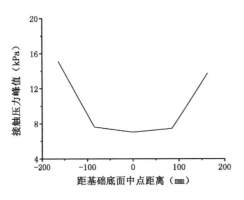

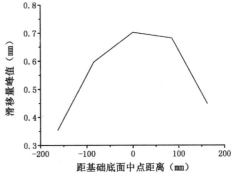

图 3－23　基础底面中线接触压力峰值和滑移量峰值分布图
（BC20 试验模型,EL1a 工况）

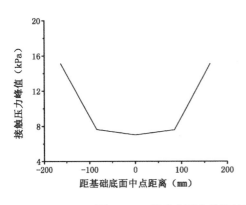

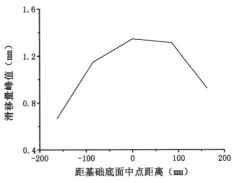

图 3－24　基础底面中线接触压力峰值和滑移量峰值分布图
（BC20 试验模型,EL2a 工况）

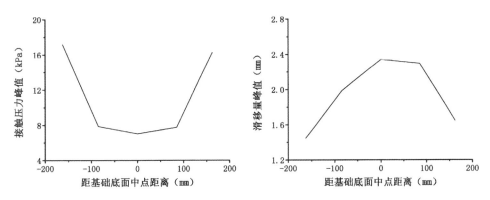

图 3-25　基础底面中线接触压力峰值和滑移量峰值分布图
（BC20 试验模型,SH1a 工况）

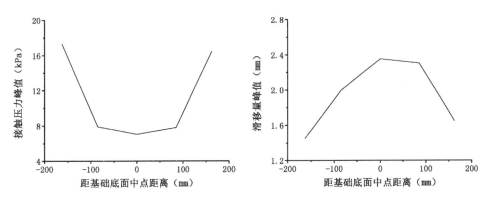

图 3-26　基础底面中线接触压力峰值和滑移量峰值分布图
（BC20 试验模型,SH1d 工况）

3. 基础侧面的滑移和提离

在垂直于振动方向的基础侧壁上,在上、下两边缘区域发生了土与基础的脱离现象,中间区域则保持接触状态。如图 3-27～图 3-31 中基础侧壁上、下两点的接触压力时程,出现了接触压力为零的状况,表明发生了接触面的脱离现象。图 3-32 为某一时刻下基础侧面与土体之间提离量的等值线分布,从图中可看出,在此时刻下,基础侧面的上侧与土体发生了提离现象。图 3-33 为某一时刻下基础侧面与土体的滑移量等值线分布情况,可看出,在整个基础侧壁上都发生了滑移现象。

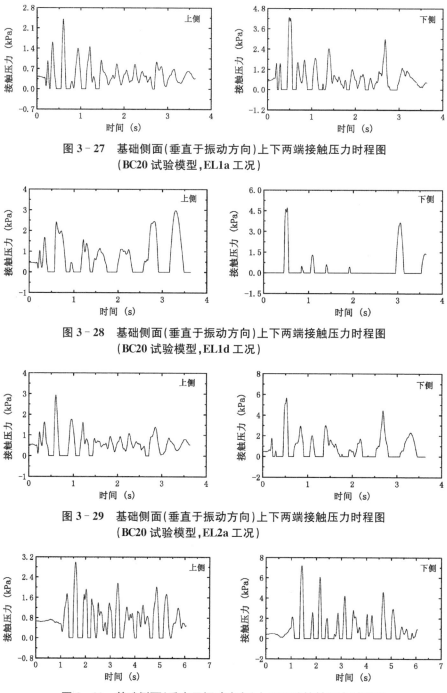

图 3-27　基础侧面(垂直于振动方向)上下两端接触压力时程图
(BC20 试验模型,EL1a 工况)

图 3-28　基础侧面(垂直于振动方向)上下两端接触压力时程图
(BC20 试验模型,EL1d 工况)

图 3-29　基础侧面(垂直于振动方向)上下两端接触压力时程图
(BC20 试验模型,EL2a 工况)

图 3-30　基础侧面(垂直于振动方向)上下两端接触压力时程图
(BC20 试验模型,SH1a 工况)

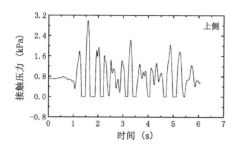 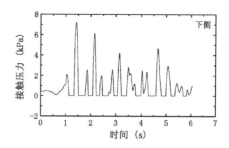

图 3－31　基础侧面(垂直于振动方向)上下两端接触压力时程图
(BC20 试验模型,SH1d 工况)

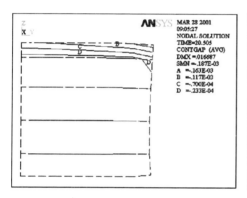 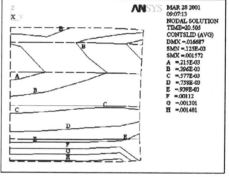

图 3－32　基础侧面与土体的　　　图 3－33　基础侧面与土体的
　　　　　提离量等值线　　　　　　　　　　滑移量等值线

3.4.2　加速度峰值放大系数分布

在体系的水平中心处、沿不同高度取 17 个点,分别输出它们在不同地震波和不同上部结构情况下的加速度时程计算结果。由计算得出的 17 个点的加速度峰值相对容器底板上 S8 点的加速度输入峰值的放大系数,绘出在不同加速度输入情况下、不同上部结构时、不同高度处土体和结构的加速度峰值放大系数与各点高度的关系曲线。

图 3－34 为上部结构质量块为 a 时,不同激励下,土体中和结构上各点的加速度峰值放大系数与各点高度的关系曲线;图 3－35 为峰值为 0.488 g 的激励输入下,不同上部质量块时的情况。从图中可得出与试验基本一致的规律,具体如下:

(1)随着各点离底面的距离增加,土体的加速度峰值放大系数呈减小的趋势,箱基顶面点或土体表面点的反应最小;而上部结构的反应较箱基顶面的反应大。整个体系的加速度峰值反应在高度上呈"K"形分布。

(2) 各点的加速度峰值放大系数均小于1,软土起到减振隔震作用。

(3) 随着输入加速度峰值的增加,加速度峰值放大系数减小。其原因是随着输入震动的增强,土体非线性加强,土传递振动的能力减弱。

(4) 随着上部结构质量块的增加,土体反应的变化不大,而上部结构柱顶的加速度放大系数却有下降的趋势。上海人工波激励下的反应比 El Centro 波激励下的反应大,原因是上海人工波的低频成分丰富,而土体和体系的频率也较小。

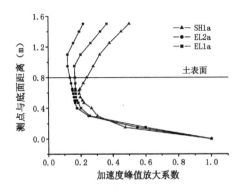 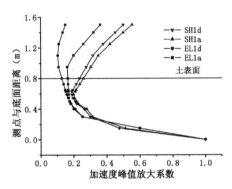

图 3-34　加速度峰值放大系数分布（BC20 试验模型,相同上部结构）　　图 3-35　加速度峰值放大系数分布（BC20 试验模型,不同上部结构）

3.4.3　柱顶加速度反应组成分析

按第 2.9 节中图 2-20 和式(2-1)对本节相互作用体系的柱顶加速度反应组成进行分析。图 3-36 是针对 BC20 试验,在 EL1d 工况下的计算分析中,组成柱顶加速度反应的各部分的时程及其傅氏谱。图中自上而下分别为柱顶总加速度反应 $\ddot{u}$、由基础转动引起的摆动分量 $H\ddot{\theta}$、平动分量 $\ddot{u}_g$ 和上部结构弹性变形分量 $\ddot{u}_e$。其他工况下情况如图 3-37～图 3-38 所示。从这些图中可得出与试验结果类似的规律如下:

(1) 柱顶加速度反应主要由基础转动引起的摆动分量 $H\ddot{\theta}$ 组成,平动分量 $\ddot{u}_g$ 次之,而上部结构弹性变形分量 $\ddot{u}_e$ 很小;

(2) 从频谱图看,柱顶总加速度反应 $\ddot{u}$ 与由基础转动引起的摆动分量 $H\ddot{\theta}$ 很相似,主要在低频区段两者有区别,而这正是平动分量反应较大的频率段。

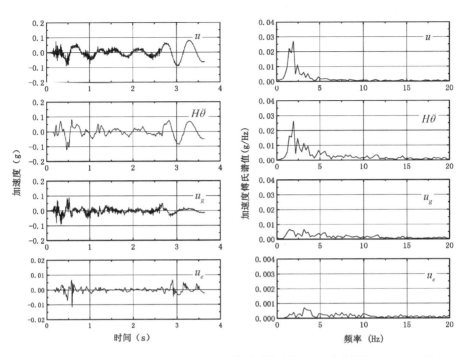

图 3 - 36　柱顶加速度反应分析时程图、傅氏谱值图(BC20 试验模型,EL1d 工况)

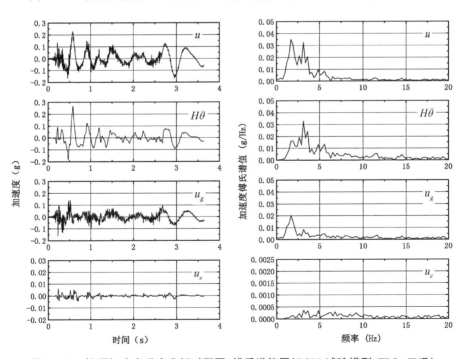

图 3 - 37　柱顶加速度反应分析时程图、傅氏谱值图(BC20 试验模型,EL2a 工况)

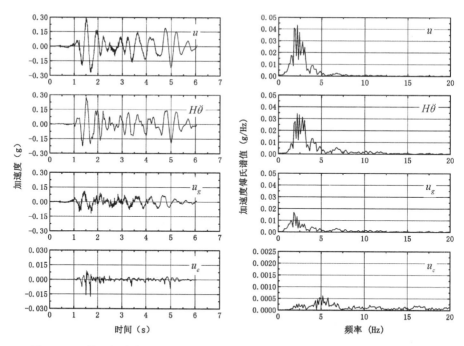

图 3 - 38 柱顶加速度反应分析时程图、傅氏谱值图(BC20 试验模型,SH1d 工况)

3.4.4 相互作用对基底地震动的影响

以 BC20 试验的计算为例,输入均为峰值 0.244 g 的 El Centro 波和上海人工波时,质量块分别为 a、d 的工况下,比较土表面 S6 点和基顶 A1 点算得的加速度时程(如图 3 - 39)。从时程图看到,A1 点加速度峰值均比 S6 点的峰值小,即由于上部结构的振动反馈,基础处的地震动比自由场地震动小。

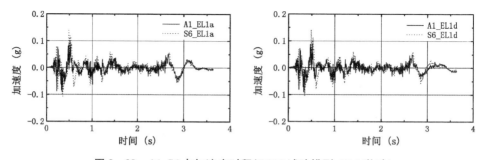

图 3 - 39 A1、S6 点加速度时程(BC20 试验模型,EL1 激励)

土表面 S6 点和基顶 A1 点算得的加速度时程傅氏谱值图比较如图 3 - 40 所示。将图中的 a 和 b 或 c 和 d 作比较,可看到由于结构-地基动力相互作用的影响,改变了基底地震动的频谱组成,使基础处的地震动与自由场地震动不完全相同。与有些频率分量获得加强,而有些频率分量减弱。从图 b 和 d 的比较可看到,上部结构质量块大小的改变对土表面 S6 点反应影响很小,而由图 a 和 c 的比较中可看到,上部结构质量块大小的改变对基顶 A1 点反应有明显的影响,主要是由于质量块大因而惯性相互作用效果明显所致。

在试验中,实测的基底地震动也具有同样的规律。

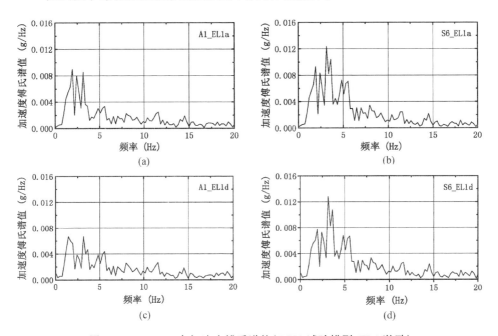

图 3‑40　A1、S6 点加速度傅氏谱值(BC20 试验模型,EL1 激励)

3.5　本 章 小 结

在同济大学土木工程防灾国家重点实验室进行的结构-地基动力相互作用体系振动台模型试验的基础上,本章采用通用有限元程序 ANSYS,针对振动台试验中的均匀土-箱基-结构试验,进行三维有限元分析,并与试验结果进行对照研究,以此来揭示考虑结构-地基动力相互作用时结构地震反应的有关规律。

在 ANSYS 程序中建立了计算模型,在建模过程中合理地模拟了柔性容器、采用了合理的网格划分、采用材料阻尼考虑了结构与地基阻尼的不同、利用

ANSYS 程序的参数化设计语言将土的等效线性模型及其计算过程并入 ANSYS 程序中、利用 ANSYS 程序的面-面接触单元实现土与结构(基础)界面上的状态非线性的模拟、将重力作为一种动力荷载并入动力计算来考虑重力对相互作用体系的影响、通过放松自由度的方法解决了不同类型的单元之间自由度不协调的问题。按照上述的建模原则和计算方法,得到的计算结果与试验结果吻合较好,表明所采用的计算模型和计算方法是合理和可行的,为进行结构-地基体系动力相互作用计算分析研究奠定了基础。

采用如上所述的计算模型,对均匀土-箱基-结构体系振动台试验进行了三维计算机分析。计算分析得到与试验相一致的规律如下:

(1)软土地基对地震动起滤波和隔震作用。地震动自下而上传播中,软土地基过滤了大部分高频地震动,仅留下低频成分,而且加速度峰值减小。

(2)整个体系的加速度峰值反应在高度上呈"K"形分布,且各点的加速度峰值放大系数均小于1。箱基基础顶面处或土表的反应最小,上部结构的反应较基础顶面处的反应大。随着输入加速度峰值的增加,由于土体的非线性,加速度峰值放大系数减小。

(3)上部结构柱顶加速度反应主要由基础转动引起的摆动分量组成,平动分量次之,而弹性变形分量很小。可见在软土地基时,考虑基础转动和平动十分必要。

(4)由于上部结构的振动反馈,改变了基底地震动的频谱组成,使基础处的地震动与自由场地震动不完全相同。计算表明,基础处的有效地震动输入比自由场地震动小,有些频率分量获得加强,而有些频率分量减弱。

(5)在上海人工波激励下,体系反应明显大于 El Centro 波输入下的反应。

通过对均匀土-箱基-结构体系振动台试验进行三维计算机分析,由计算分析得到,但试验中无法得出的规律如下:

(1)箱基基础底面发生了土与基础接触面的滑移,但没有发生脱离现象;箱基基础侧面不仅发生了土与基础接触面的滑移,而且发生了土与接触面的脱离再闭合现象。滑移量峰值在箱基基础底面中线呈两边小、中间大的分布,而接触压力峰值在箱基基础底面中线呈两边大、中间小的分布,且中间部分的接触压力在较大范围内大小比较接近。

(2)在计算中,不考虑土体的材料非线性将会导致较大的误差;不考虑接触面的状态非线性也会导致一定的误差,但比不考虑土体材料非线性所导致的误差小得多。

　　结构-地基动力相互作用对体系地震反应的影响是很显著的,在深入研究的基础上,有必要对刚性地基假定和现行结构抗震设计方法作出改进。本章针对结构-地基动力相互作用体系的振动台模型试验进行了计算机仿真分析,摸索了一套用 ANSYS 程序进行相互作用研究的计算机分析方法,为后续进一步的计算分析研究工作奠定了基础。

第4章

分层土-箱基-结构动力相互作用体系
振动台试验的计算分析

4.1 引　言

本章采用通用有限元软件 ANSYS,针对分层土-箱基-结构相互作用体系的振动台试验(第二阶段试验),进行三维有限元分析,模拟、再现振动台试验的过程,并与试验结果进行对照研究,以此来揭示考虑土-结构动力相互作用时结构地震反应的有关规律,验证计算模型合理性、试验方案的可行性以及试验结果的可靠性。

4.2　建模方法和计算方法

在建模方面,对于在 ANSYS 程序中实现起来较困难的柔性容器的模拟、土体材料非线性模拟和土体与结构接触界面上的状态非线性模拟,以及网格划分、阻尼模型的选取、重力的影响和对称性利用等问题已在第 3 章"均匀土-箱基-结构动力相互作用体系振动台试验的计算分析"中做了阐述;在计算方法方面,也与第 3 章"均匀土-箱基-结构动力相互作用体系振动台试验的计算分析"采用的方法一致。这里主要讨论建模时关于自由度不协调的处理方法。

在计算模型中上部结构采用 BEAM4 单元,每个节点具有 6 个自由度,即:3 个平动自由度和 3 个旋转自由度;而下部箱基采用 SOLID45 单元,每个节点只有 3 个平动自由度,在两种单元交界处存在自由度不协调的问题。如图 4-1 所示,如果在节点 6 处不进行处理,会由于 3 个旋转自由度没有约束而形成一个

"铰接点"。

对于 BEAM4 和 SOLID45 之间的自由
度不协调问题,有两种解决方案:一是把
SOLID45 单元改为 SOLID73 单元。由于
SOLID73 单元每个节点具有 6 个自由度,因
而采用 SOLID73 单元时不存在自由度的不
协调问题,但此时模型的自由度数目会增大
很多。以 BS10 试验的 1/4 模型为例,采用
SOLID45 单元时模型的自由度数为 5589,改

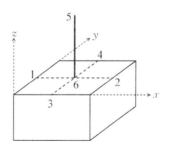

图 4 - 1　BEAM4 与 SOLID45
之间的约束方程示意图

用 SOLID73 单元后模型的自由度数增加为 10662,显然采用 SOLID73 单元从
计算时间上看是不经济的。第二种办法是采用加约束方程的方法,如式(4 - 1)
所示。

$$
\left.
\begin{aligned}
ROTX_6 &= (UZ_4 - UZ_3)/L_1 \\
ROTY_6 &= (UZ_1 - UZ_2)/L_2 \\
ROTZ_6 &= (UY_2 - UY_1)/L_2
\end{aligned}
\right\}
\tag{4 - 1}
$$

式中:$ROTX_6$——6 点绕 X 轴的旋转位移;

　　　UZ_4——4 点沿 Z 轴的平动位移;

　　　L_1——3、4 点之间的距离;

　　　L_2——1、2 点之间的距离。

为了检验效果,计算了一个采用 SOLID73 单元的模型和一个采用加约束方
程的模型,图 4 - 2 给出了分别采用两种方法计算时基础顶面 A1 点、结构顶层
A7 点的加速度时程比较,从图中可以看出两者的计算结果基本相同。采用

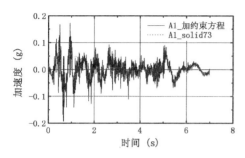 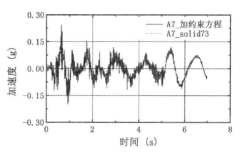

图 4 - 2　采用 SOLID73 单元和加约束方程方法的
A1、A7 点的结果比较(BS10 试验模型)

SOLID73 单元时结构顶层的最大加速度为 0.242284 g,采用加约束方程时结构顶层的最大加速度为 0.241272 g,相对误差为 0.42%。从而说明采用加约束方程的方法可以合理地解决 BEAM4 和 SOLID45 单元之间的自由度不协调问题。

4.3　计算模型的合理性

在依据上述建模方法建立计算模型后,检验计算模型是否合理就成为进行计算之前最重要的一个问题。在以下各节中重点讨论了这方面问题,主要包括网格划分合理性的检验、计算与试验结果的对比;同时,也进行了考虑土体材料非线性和接触面状态非线性对体系动力反应影响的研究。

4.3.1　网格划分的合理性

在用 ANSYS 程序对土-结构相互作用体系振动台试验计算仿真的建模中,土体和基础采用三维实体单元 SOLID45;上部结构的柱和梁采用三维梁单元 BEAM4。

图 4-3 是采用上述单元,且满足前面所述建模方法的 1∶10 分层土-箱基-结构试验的网格划分图。

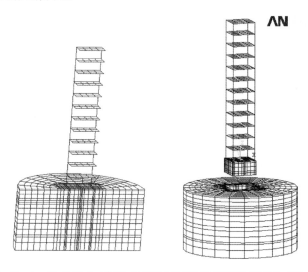

图 4-3　1∶10 分层土-箱基-框架体系试验的模型网格划分(BS10 试验)

为了检验网格划分的合理性,以图 4-3 所示 1∶10 箱基模型为例,进行了网格细化和动力反应的对比。图 4-3 的网格划分图,自由度数目为 12016,为了反映结构本身的面貌以及试验布置的测点,该网格不能再粗化;作为对比的细化网格模型,自由度数目为 20304。将该两种情况在相同 El Centro 波激励下进行计

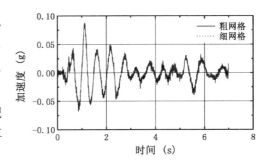

图 4-4　模型粗细网格剖分结构顶层 A7 点加速度时程(BS10 试验模型)

算和比较,如图 4-4,可见对应点的加速度时程吻合很好。而两者计算时间分别为 43 小时和 81 小时,说明图 4-3 给出的网格划分可以满足精度的要求,且可以大大节约计算时间。而且试验模型的网格划分满足网格的划分原则,因此,图 4-3 的模型网格划分是合理的。

4.3.2　考虑土体的材料非线性对计算结果的影响

为了研究考虑土体材料非线性对相互作用体系动力反应的影响,图 4-5～图 4-7 给出了土体按线性材料计算和考虑材料非线性后的加速度时程的比较结果。可看出土体考虑材料非线性以后,基础顶面 A1 点、框架结构顶部 A7 点、距容器中心 0.9 m 处土中 S6 点和距容器中心 0.9 m 处土表 S8 点的加速度反应明显变小,其他点的规律也大致如此。土体考虑材料非线性后 A7、A1、S6 和 S8 点的加速度峰值相对于土体按线性计算结果的误差在 EL2 工况下分别为 −57.0%、−52.1%、−43.1% 和 −59.2%;在 SH2 工况下分别为 −81.4%、−67.1%、−50.7% 和 −71.7%;在 KB2 工况下分别为 −71.4%、−71.0%、−48.7% 和 −71.8%。

考虑土体的材料非线性导致土体以及结构的加速度反应明显减小,主要由于考虑土体的材料非线性后,土体动剪切模量减小,阻尼增大。在上海人工波激励下,非线性表现得更加明显,这是由于上海波的低频成分丰富,导致土体反应比 El Centro 波和 Kobe 波激励时的反应大,因而土体的非线性发展更加充分所致。图 4-8 为 BS10 试验模型在 EL2 工况下,土体动剪切模量 G_d 与初始动剪切模量 G_0 之比(G_d/G_0)在叠代过程中的变化情况,其中第一轮的动剪切模量比取为 0.85,图中可见叠代 4～5 轮之后,结果趋向稳定。

由此可见,在进行结构-地基动力相互作用体系的计算分析时,应考虑土体的材料非线性特性,否则会带来较大的误差。

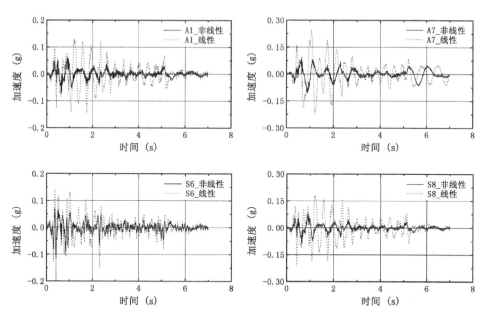

图 4-5　土体按线性和非线性考虑时各点计算结果比较(BS10 试验模型、EL2 工况)

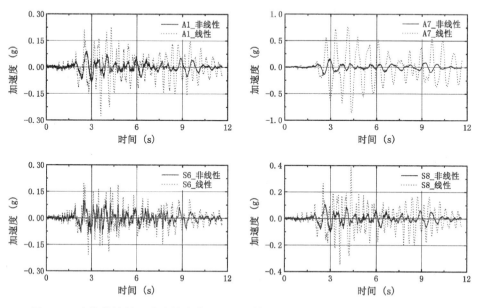

图 4-6　土体按线性和非线性考虑时各点计算结果比较(BS10 试验模型、SH2 工况)

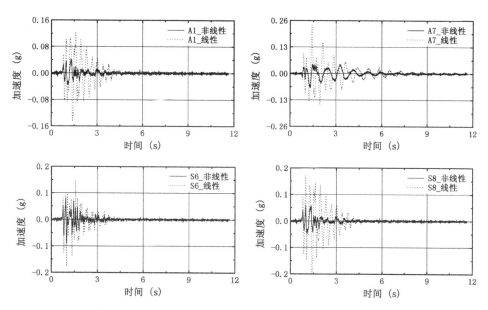

图 4-7　土体按线性和非线性考虑时各点计算结果比较(BS10 试验模型、KB2 工况)

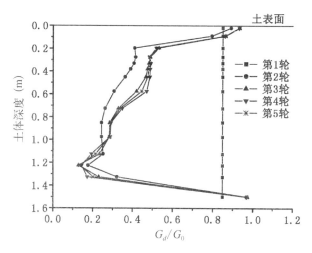

图 4-8　G_d/G_0 在迭代过程中的变化过程
(BS10 试验模型,EL2 工况)

4.3.3　考虑土体与结构接触界面上的状态非线性对计算结果的影响

为了研究考虑土体与结构接触界面上的状态非线性后对相互作用体系动力反应的影响,在下面进行了考虑与不考虑状态非线性时体系加速度反应时程的比较。

图 4-9～图 4-11 是考虑土体非线性和接触时框架结构顶部 A7 点、箱基基础顶面 A1 点、距容器中心 0.9 m 处土表 S8 点以及距容器中心 0.9 m 处土中 S6 点的加速度计算结果比较。可以看出,考虑接触对结构顶部 A7 点的加速度反应影响较大,对基础顶面 A1 点的影响相对较小,主要是由于接触分析能较真实地模拟箱基和土体之间的状况,再现基础的转动,而此转动分量对于结构顶部 A7 点的影响尤为显著。对距容器中心 0.9 m 处的土表 S8 点及土中 S6 点在考虑接触之后,加速度反应基本没有发生变化,主要是由于 S8 点和 S6 点距基础足够远,基础与土体接触状态的变化对该处反应影响非常小。A1、A7、S6 和 S8 点的加速度峰值变化量在 EL2 工况下分别为 -3.9%、16.2%、-0.98% 和 -2.3%,在 SH2 工况下分别为 -12.2%、22.4%、-0.76% 和 -2.6%,在 KB2 工况下分别为 -5.6%、10.8%、-2.0% 和 -4.3%。

表 4-1～表 4-2 给出了考虑与不考虑接触两种情况下上部结构各层层间相对位移最大值的比较。由表 4-1 和表 4-2 可见考虑接触后,各层间位移峰值比不考虑时有所减小,由内力与变形成正比的关系可知这时层间剪力亦相应减小。

表 4-3 给出了考虑与不考虑接触两种情况下上部结构的整体转角最大值的比较。由表 4-3 可见考虑接触后结构整体转角增大了。

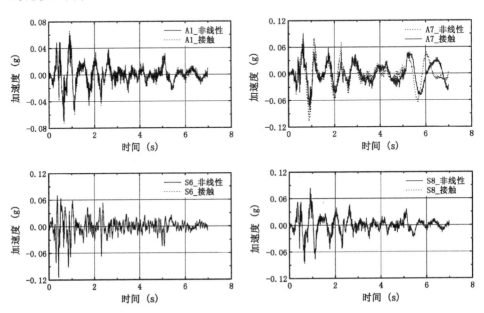

图 4-9　考虑土体非线性和接触时各点计算结果比较(BS10 试验模型,EL2 工况)

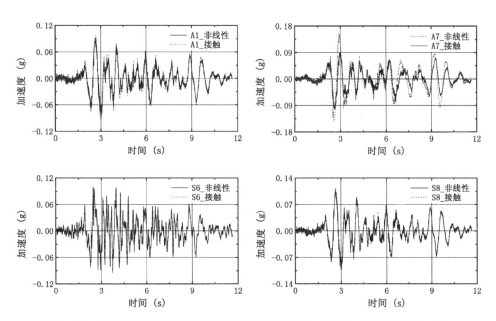

图 4‑10　考虑土体非线性和接触时各点计算结果比较(BS10 试验模型,SH2 工况)

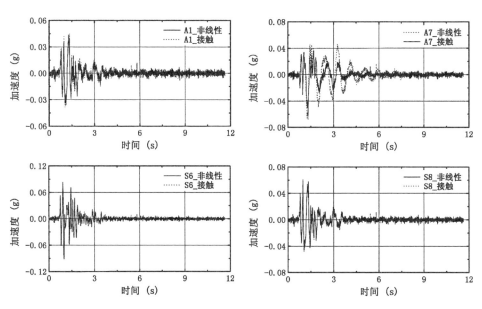

图 4‑11　考虑土体非线性和接触时各点计算结果比较(BS10 试验模型,KB2 工况)

表 4 - 1　SH2 工况下各层间位移峰值 $u_{cj}(t)$　(mm)

	层　次											
	1	2	3	4	5	6	7	8	9	10	11	12
不考虑接触	2.67	2.74	2.77	2.78	2.78	2.78	2.77	2.76	2.74	2.72	2.69	2.66
考虑接触	2.56	2.56	2.58	2.59	2.61	2.61	2.61	2.61	2.61	2.58	2.57	2.55

表 4 - 2　KB2 工况下各层间位移峰值 $u_{cj}(t)$　(mm)

	层　次											
	1	2	3	4	5	6	7	8	9	10	11	12
不考虑接触	0.54	0.57	0.58	0.58	0.59	0.59	0.58	0.58	0.57	0.56	0.55	0.53
考虑接触	0.54	0.57	0.55	0.56	0.56	0.56	0.56	0.56	0.56	0.55	0.54	0.53

表 4 - 3　结构整体转角 θ　(rad)

	工　况		
	EL2	SH2	KB2
不考虑接触	2.91×10^{-3}	8.54×10^{-3}	1.64×10^{-3}
考虑接触	3.51×10^{-3}	9.00×10^{-3}	1.65×10^{-3}

综上所述,考虑结构基础与土的接触后,结构各层的层间相对位移峰值减小,且结构整体转角增加,但转角峰值即使增大,其量级仅为 10^{-3} rad,故对体系的稳定性不会产生不利的影响。由于层间相对位移减小对于线性结构来说就减小了对结构的强度要求。可见采用嵌固基础与地基土的方式不是对所有的结构物都适用的。这与以往的研究结论是一致的[132]。

4.3.4　计算与试验结果的比较

图 4 - 12 中,比较了箱基试验 BS10 中基础顶面 A1 点,结构上第 8 层 A5点,结构顶部 A7 点,容器中心土中 S1、S4 点,距容器中心 0.9 m 处的土中 S5、S6,S7 点,距容器中心 0.9 m 处的土表 S8 点,以及距容器中心 1.2 m 处的土表S10 点的计算与试验加速度时程。从这些图中看出计算与试验结果符合较好,从而验证了计算模型的合理性,用该模型来研究土-结构的动力相互作用是合适的;同时,也验证了试验方案的可行性及试验结果的可靠性。

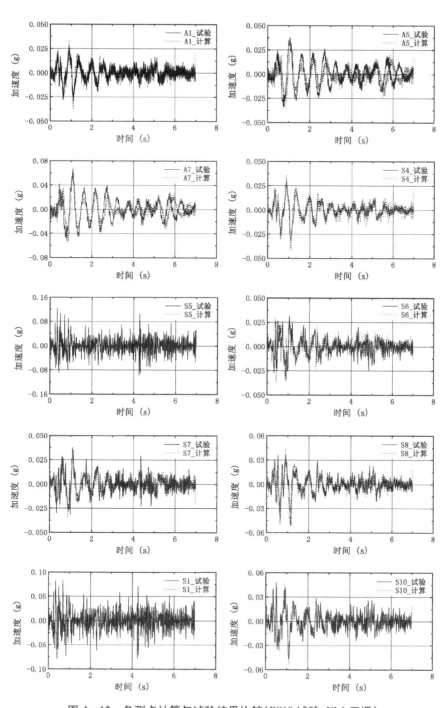

图 4 - 12　各测点计算与试验结果比较(BS10 试验,EL1 工况)

4.4　分层土-箱基-结构体系
试验的计算结果分析

本节根据第二阶段分层土-箱基-结构动力相互作用体系振动台试验计算机模拟得到的计算结果,从基础与土体接触状态、模型的加速度反应、相互作用对基底地震动的影响、软土地基的滤波隔震和相互作用对结构动力反应的影响等方面对计算结果进行分析,对规律性结果进行归纳。通过结果分析以及计算与试验结果的对比,计算得出的规律与试验中得到的规律基本一致,从而进一步验证了计算模型的合理性和试验结果的可靠性。

4.4.1　基础滑移、提离与基底接触压力分布

为了了解箱基与土体接触界面的反应特性,计算中输出了箱基侧面、底面与土体之间的接触压力和滑移量。下面针对接触压力和滑移量分析了基础的滑移、提离与基底接触压力分布。

1. 基础底面的提离和滑移

对所有工况下,BS10试验模型基础底面各点的接触压力时程进行分析,得出如下结论:EL2、EL4、EL6、KB2、KB4、KB6和SH2工况没有出现接触压力为零的情况,即没有发生基础的提离现象;SH4和SH6工况出现了基础底面沿X轴端点的接触压力为零的情况,即此时基础在底面端部处发生了提离现象。这进一步说明在上海人工波激励下,相互作用体系的动力反应相对较大。图4-13给出了部分工况下基础底面沿X轴端点的接触压力时程。图4-14给出了SH6工况激励下,某一时刻基础底面与土体之间的提离量等值线,在SH6工况时发生了基础底面与土体的提离现象。由于对称,图中只给出了基础处于Y轴正方向的情况。

图4-15是SH6工况激励下,某时刻基础底面滑移量等值线,整个基础底面都发生了基础与土体之间的滑移现象。图4-16是基础底面沿X轴中线的滑移量峰值分布图,从图中看出:滑移量峰值在基础底面中线呈两边大、中间小的分布;滑移量峰值与激励的大小、输入的波形都有较大的关系。对于同一波形,随输入激励的加速度峰值增大,滑移量峰值增大。当输入激励的加速度峰值一定时,随输入波形不同,滑移量峰值改变,Kobe波情况下最小,El Centro波较

大,上海人工波最大。

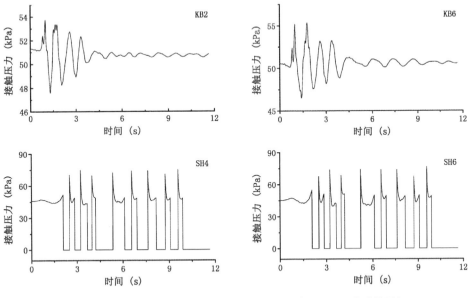

图 4 - 13　基础底面沿 X 轴端点的接触压力时程(BS10 试验模型)

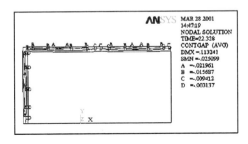

图 4 - 14　基础底面提离量等值线(SH6 工况)

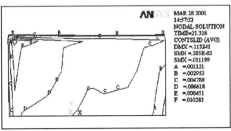

图 4 - 15　基础底面滑移量等值线(SH6 工况)

2. 基础底面的接触压力峰值分布

图 4 - 17 是基础底面中线接触压力峰值分布图,从图中看出:接触压力峰值在基础底面中线呈两边大、中间小的分布,且中间部分的接触压力在较大范围内大小比较接近;接触压力峰值大小与输入激励的波形有关,对于 El Centro 波和 Kobe 波激励时接触压力峰值比较接近,上海人工波激励时接触压力峰值比 El Centro 波和 Kobe 波激励时大。

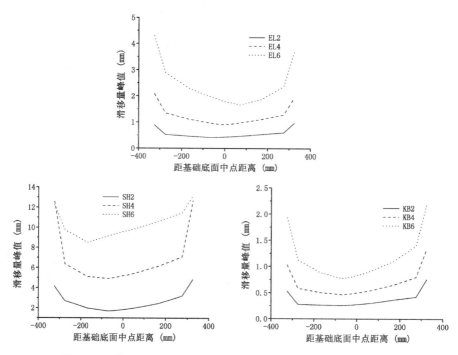

图 4‑16 基础底面沿 X 轴中线的滑移量峰值分布(BS10 试验模型)

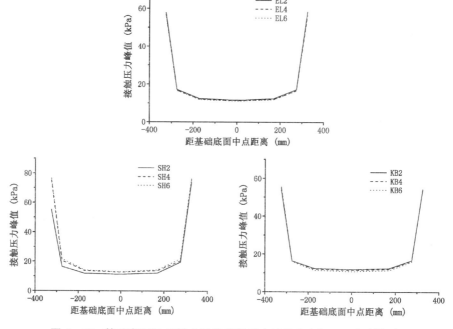

图 4‑17 基础底面沿 X 轴中线的接触压力峰值分布(BS10 试验模型)

3. 基础侧面的滑移和提离

图 4‐18～图 4‐19 是各工况下基础侧面(垂直于振动方向)上下两端接触压力时程图,可看出:在所有工况下,基础侧面下端都出现了接触压力为零的现

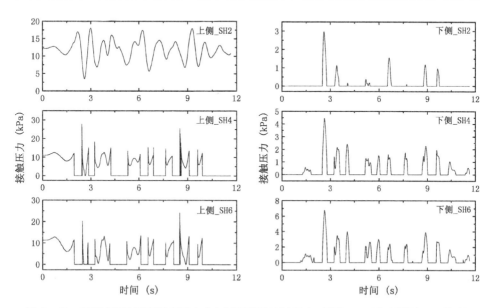

图 4‐18 基础侧面(垂直于振动方向)上下两端接触压力时程(BS10 试验模型,SH 激励)

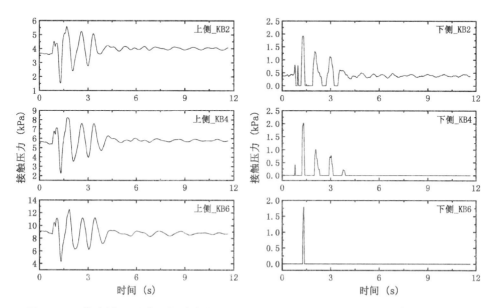

图 4‐19 基础侧面(垂直于振动方向)上下两端接触压力时程(BS10 试验模型,KB 激励)

象,即在基础侧面下侧发生了基础与土体的脱离、闭合现象;而对于基础侧面上端,只有 SH4 和 SH6 工况时发生了基础与土体的脱离、闭合现象,其他工况下基础侧面上侧都与土体一直保持接触状态。

图 4-20 是 SH6 工况激励下,某一时刻基础侧面与土体之间提离量的等值线,可见,除了图中标注为"H"的线以上的位置有部分基础仍与土体保持接触外,其余部分都发生了基础与土体的脱离现象。图 4-21 是 SH6 工况激励下,某一时刻基础侧面滑移量等值线,可见,整个基础侧面都发生了基础与土体的滑移现象。

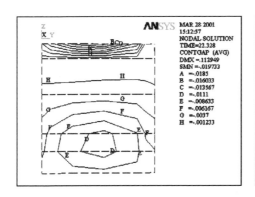 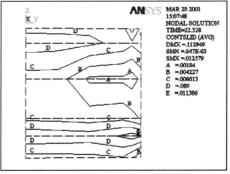

图 4-20　基础侧面提离量等值线(SH6 工况)　　图 4-21　基础侧面滑移量等值线(SH6 工况)

从分析中可见,基础侧面和土的接触界面的稳定性远远低于基础底面。因此,基础侧面和土始终是完全接触的假设不一定总是正确的。

4.4.2　加速度峰值放大系数分布

在相互作用体系的水平中心处、沿不同高度取 28 个点,分别输出它们在不同地震波输入情况下的加速度时程计算结果。由计算得出的 28 个点的加速度峰值相对容器底板上 S8 点的加速度输入峰值的放大系数,绘出在不同加速度输入情况下、不同高度处土体和结构的加速度峰值放大系数与各点高度的关系曲线,如图 4-22。

从图中可得出与试验基本一致的规律,具体如下:

(1) 对于土体部分,土层传递振动的放大或减振作用与土层性质有关。对砂土层,起放大作用;对中间砂质粉土层,由于土较软,起减振隔震作用。

(2) 对于上部框架结构,在小震时,各层加速度反应峰值略有不同;在较大的地震激励下,由于土体的隔震作用,上部结构接受的振动能量很小,各层反应均很小,主要是由基础平动和转动引起的刚体反应。

（3）随着输入加速度峰值的增加，加速度峰值放大系数一般减小。其原因是随着输入振动的增强，土体非线性加强，土传递振动的能力减弱。但其影响因素很多，如输入地震波的频谱特性、各层土在该级工况激励时的频率特性等。

（4）在相同峰值的加速度输入时，上海人工波激励下的反应较 El Centro 波和 Kobe 波激励下的反应大。这是由于上海人工波的频谱特性所致。

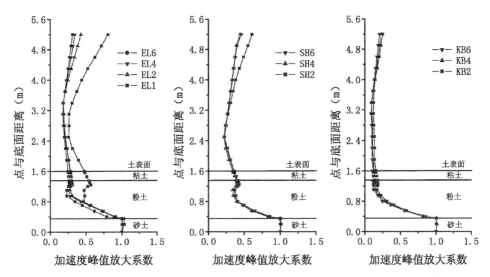

图 4-22　不同高度处加速度峰值放大系数（BS10 试验模型，不同峰值单向地震波输入）

4.4.3　结构顶层加速度反应组成分析

按第 2.9 节中图 2-20 和式（2-1）对分层土-箱基-高层框架结构相互作用体系的计算结果中的结构顶层加速度反应进行组成分析，图 4-23 为 BS10 试验模型在 EL4 工况下，组成结构顶层加速度反应的各部分的时程及其傅氏谱。图中自上而下分别为结构顶层总加速度反应 $\ddot{u}$、由基础转动引起的摆动分量 $H\ddot{\theta}$、平动分量 $\ddot{u}_g$ 和上部框架结构变形分量 $\ddot{u}_e$。从图中看到：结构顶层加速度反应主要由基础转动引起的摆动分量 $H\ddot{\theta}$ 和平动分量 $\ddot{u}_g$ 组成，上部框架结构的变形分量 $\ddot{u}_e$ 相对较小。

4.4.4　相互作用对基底地震动的影响

图 4-24～图 4-25 给出了 BS10 试验模型各工况下基顶 A1 点和土表面 S8 点的加速度时程图的比较。从图中可看到，A1 点加速度峰值均比 S8 点的峰值小，即由于上部结构的振动反馈，基础处的地震动比自由场地震动小。

在试验中，实测的基底地震动与土表地震动的比较也具有同样的规律。

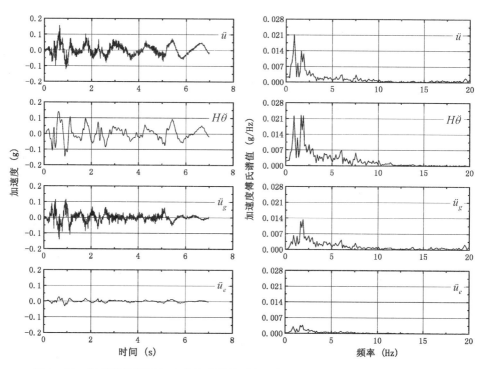

图 4-23 组成结构顶层加速度各分量的时程和傅氏谱（BS10 试验模型, EL4 工况）

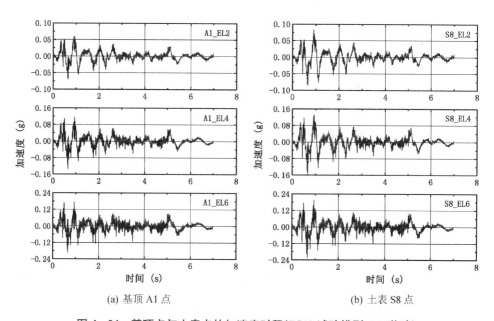

(a) 基顶 A1 点　　　　　　　　　　　　(b) 土表 S8 点

图 4-24 基顶点与土表点的加速度时程（BS10 试验模型, EL 激励）

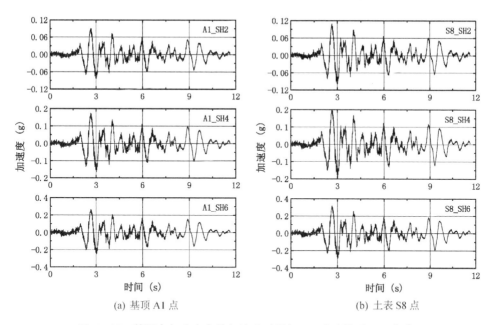

(a) 基顶 A1 点　　　　　　　　　　(b) 土表 S8 点

图 4-25　基顶点与土表点的加速度时程（BS10 试验模型，SH 激励）

4.4.5　软土的滤波隔震作用

一般认为，场地土会对基岩传来的地震动起放大作用，但通过计算得出软土地基对地震动起滤波和隔震作用。这与试验分析得出的结论是一致的。

图 4-26 是分层土 BS10 试验 SH6 工况时各点的加速度时程及其傅氏谱图，其中 S8、S7、S6、S5 是距容器中心 0.9 m 处自上而下不同高度的土中的点，SD 点位于容器底板上，这 5 个点位于同一平面位置。从图中看到，从 SD 点到 S5 点，加速度时程变化不大，两者的傅氏谱图相似，说明砂土层有效地传递了振动；从 S5 到 S7 点，加速度峰值依次减小，傅氏谱图向低频移，高频地震动分量减少，表明砂质粉土层起隔震和滤波作用。

以往的研究表明[9]，土体对地震动一般起放大作用，而本书试验得到了"土层对地震动不一定起放大作用、也可能起隔震作用"的结论，这与 1995 年 1 月 17 日日本阪神地震中记录的加速度时程曲线所反映的规律一致。图 4-27 给出土层分布以及测点布置情况，图 4-28 给出地震记录的加速度时程，图 4-29 给出了加速度峰值沿土层深度的分布情况。由图 4-28 和图 4-29 可看出，东西向的加速度峰值从 A4 点到 A3、A2 点不断变大，而从 A2 点到 A1 点加速度峰值减小;南北向的加速度峰值从 A4 点到 A3 点减小,从 A3 点到 A2 点加速度峰值略微变大,而从 A2 点到 A1 点加速度峰值减小。

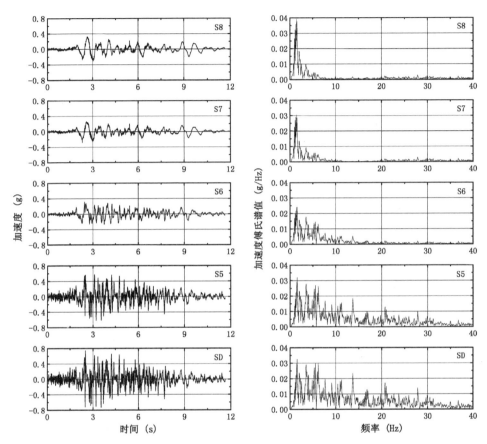

图 4‐26 土中不同高度处各点的加速度时程及其傅氏谱(BS10 试验模型,SH6 工况)

4.4.6 相互作用对结构动力反应的影响

为了研究动力相互作用的效果,做了 S10 试验模型——刚性地基上结构的动力计算分析,并与考虑相互作用体系的计算分析结果做了对比研究,通过 BS10 试验模型计算结果与 S10 试验模型计算结果中框架结构的加速度、位移、层间剪力、倾覆力矩等反应的对比,说明结构-地基动力相互作用对结构动力反应的影响。为了使两组动力分析具有可比较性,在做刚性地基上的结构分析时,以相互作用体系得到的自由场地震动(S8 点)作为输入地震动。

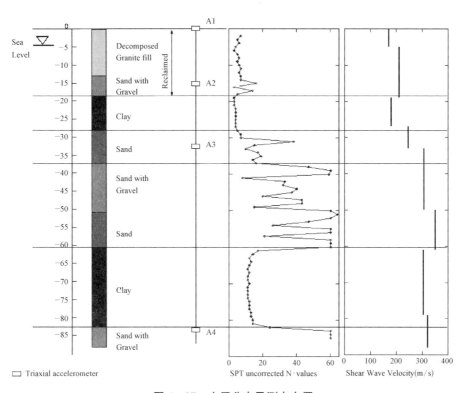

图 4‑27　土层分布及测点布置

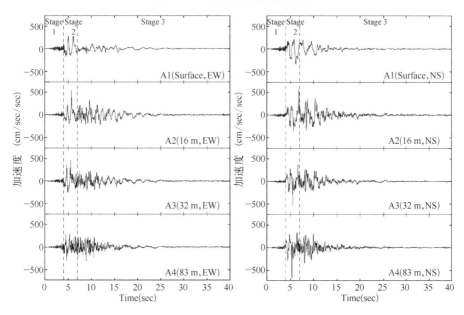

图 4‑28　1995 年日本阪神地震中记录的加速度时程曲线(左图为东西向,右图为南北向)

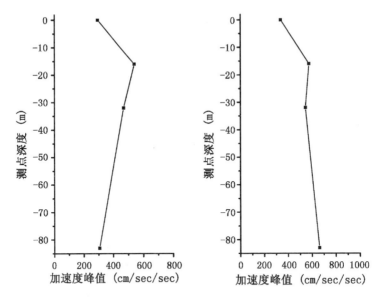

图 4-29　1995 年阪神地震中记录的土中加速度峰值分布
（左图为东西向,右图为南北向）

1. 加速度反应

图 4-30～图 4-32 为 BS10 试验模型和 S10 试验模型的框架结构计算加速度反应峰值对比。从图中可见,相互作用体系上部结构的加速度反应明显小于刚性地基时的情况,且随着输入激励的增大,该规律不变。该规律与试验分析得出的规律一致。

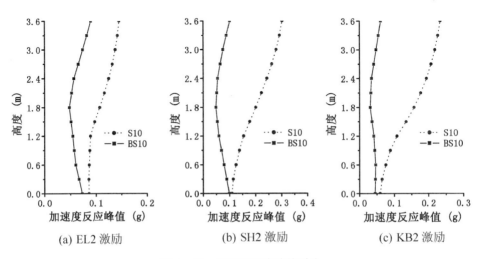

(a) EL2 激励　　　　(b) SH2 激励　　　　(c) KB2 激励

图 4-30　加速度反应峰值对比

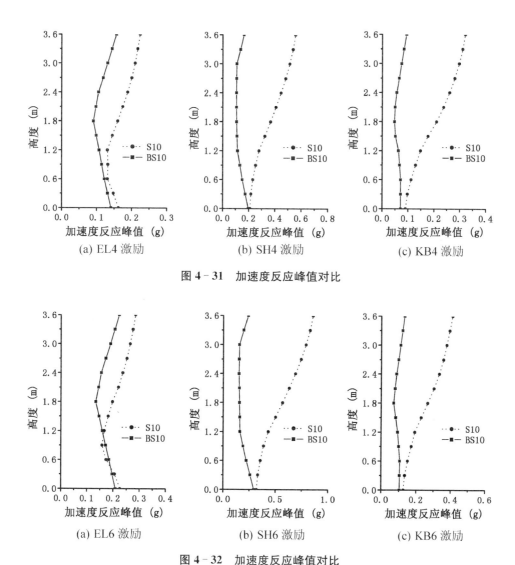

(a) EL4 激励　　　　　　(b) SH4 激励　　　　　　(c) KB4 激励

图 4 - 31　加速度反应峰值对比

(a) EL6 激励　　　　　　(b) SH6 激励　　　　　　(c) KB6 激励

图 4 - 32　加速度反应峰值对比

2. 位移反应

图 4 - 33～图 4 - 35 为 BS10 试验和 S10 试验模型的框架结构计算最大位移反应对比。在考虑结构-地基相互作用时,由于结构位移由基础平动、转动及结构本身变形组成,一般而言均大于刚性地基上结构的反应。从图中可以看到,在同一大小的激励下,上海人工波的位移反应最大,El Centro 波次之,Kobe 波最小,这与试验时观测到的现象是一致的。

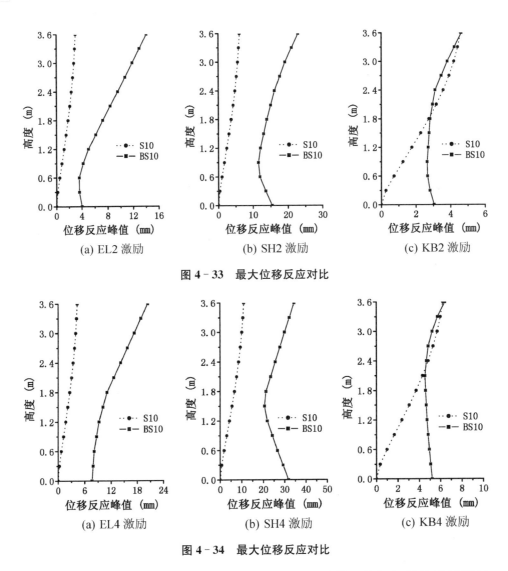

(a) EL2 激励 (b) SH2 激励 (c) KB2 激励

图 4‑33 最大位移反应对比

(a) EL4 激励 (b) SH4 激励 (c) KB4 激励

图 4‑34 最大位移反应对比

表 4‑4 和表 4‑5 给出了 BS10 试验和 S10 试验模型的框架结构计算层间位移反应峰值对比。可见,考虑结构-地基相互作用时,结构的层间位移峰值大于刚性地基上的相应值。

3. 层间剪力和倾覆力矩

图 4‑36～图 4‑38 为 BS10 试验模型和 S10 试验模型的框架结构计算最大层间剪力反应对比。图 4‑39～图 4‑41 为倾覆力矩对比。从图可见,相互作用体系上部结构的层间剪力、倾覆力矩明显小于刚性地基上的情况,且随着输入激励的增大,该规律不变。

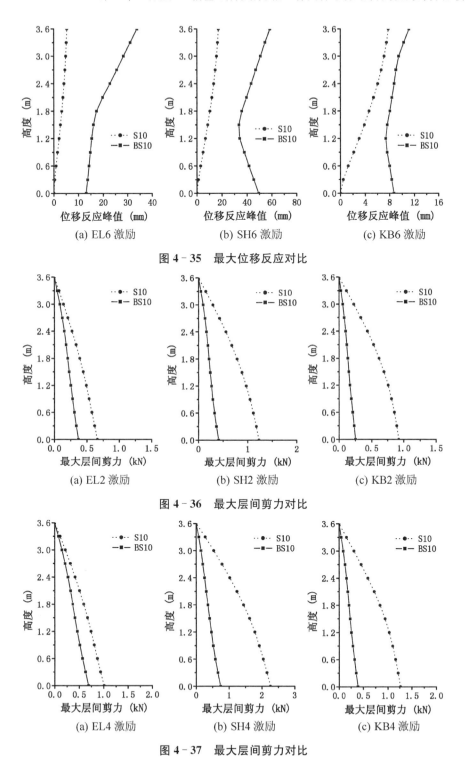

(a) EL6 激励　　　(b) SH6 激励　　　(c) KB6 激励

图 4‑35　最大位移反应对比

(a) EL2 激励　　　(b) SH2 激励　　　(c) KB2 激励

图 4‑36　最大层间剪力对比

(a) EL4 激励　　　(b) SH4 激励　　　(c) KB4 激励

图 4‑37　最大层间剪力对比

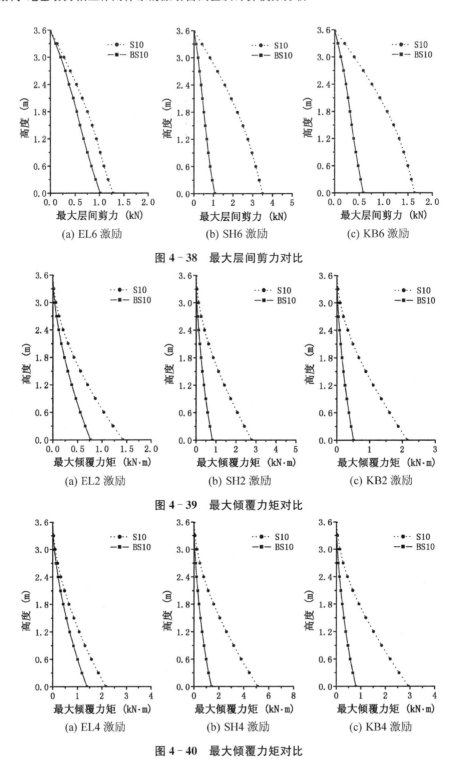

(a) EL6 激励　　　(b) SH6 激励　　　(c) KB6 激励

图 4-38　最大层间剪力对比

(a) EL2 激励　　　(b) SH2 激励　　　(c) KB2 激励

图 4-39　最大倾覆力矩对比

(a) EL4 激励　　　(b) SH4 激励　　　(c) KB4 激励

图 4-40　最大倾覆力矩对比

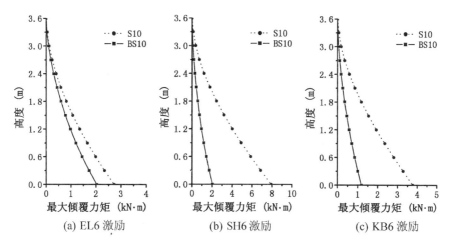

(a) EL6 激励　　　　　　(b) SH6 激励　　　　　　(c) KB6 激励

图 4 - 41　最大倾覆力矩对比

　　综上所述,由于结构-地基动力相互作用效应,在相同的自由场地震动输入下,相互作用体系的结构基础处加速度有效输入与其邻近自由地表相比有所减小;而且,当为刚性地基时,振动能量全部被结构吸收,而对于相互作用体系,仅一部分能量被结构吸收,另一部分则为土体和基础耗散。一般说来,在地震动作用下考虑相互作用的结构加速度、层间剪力、倾覆力矩通常比刚性地基上的情况小,而位移则比刚性地基上的情况大。

4.4.7　竖向地震激励的影响

　　1. 对基底接触压力峰值分布的影响

　　图 4 - 42 给出了各工况下,单向和双向地震激励时基底接触压力峰值的分布,从图中看出,竖向地震激励使基底接触压力峰值略有减小,对分布曲线的规律没有明显影响。

　　2. 对基底滑移量峰值分布的影响

　　图 4 - 43 给出了各工况下,单向和双向地震激励时基底滑移量峰值的分布,从图中看出,竖向地震激励使基底滑移量峰值略有减小,对分布曲线的规律没有明显影响。

　　3. 对加速度峰值放大系数分布的影响

　　图 4 - 44 给出了各工况下,双向地震激励时相互作用体系的加速度峰值放大系数的分布,比较图 4 - 22 和图 4 - 44,可看出,竖向地震激励使体系在

水平向的加速度反应峰值放大系数略有增大,对分布曲线的规律没有明显影响。

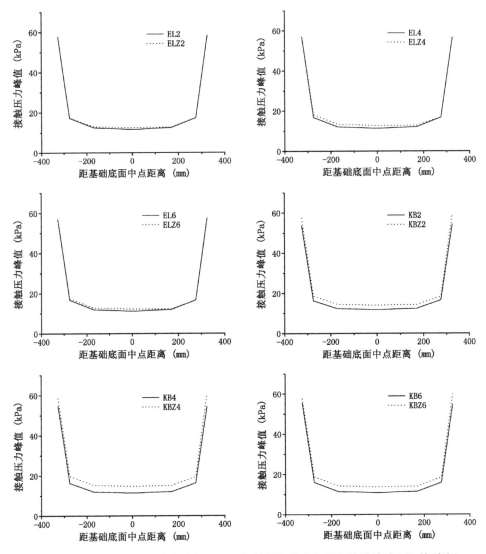

图 4 - 42 基底接触压力峰值分布(BS10 试验模型,单向与双向地震波输入下的对比)

4. 对结构层间位移峰值的影响

表 4 - 4 和表 4 - 5 给出了水平、竖直向双向输入和仅有水平向输入两种情况下上部结构各层间相对位移峰值的比较。从表中可以看出,考虑竖向输入对上部结构层间相对位移稍有减小,但影响不大。

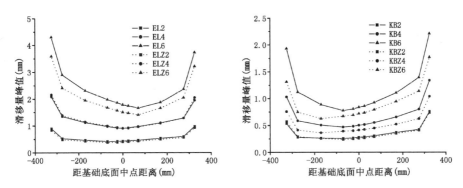

图 4‐43 基底滑移量峰值分布(BS10 试验模型,单向与双向地震波输入下的对比)

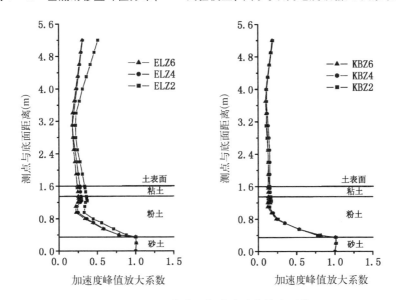

图 4‐44 不同高度处加速度峰值放大系数
(BS10 试验模型,双向地震波输入)

表 4‐4 EL2 工况下各层间相对位移峰值 u_{cj} (mm)

	层 次											
	1	2	3	4	5	6	7	8	9	10	11	12
相互作用体系（单向输入）	1.22	1.18	1.17	1.16	1.16	1.16	1.15	1.15	1.14	1.13	1.12	1.11
相互作用体系（双向输入）	1.15	1.10	1.09	1.09	1.09	1.09	1.08	1.07	1.07	1.06	1.05	1.04
刚性地基（单向输入）	0.18	0.32	0.34	0.34	0.32	0.30	0.28	0.25	0.21	0.18	0.14	0.11

表 4 - 5　KB2 工况下各层间相对位移峰值 u_{cj}　（mm）

	层　　　次											
	1	2	3	4	5	6	7	8	9	10	11	12
相互作用体系（单向输入）	0.54	0.57	0.55	0.56	0.56	0.56	0.56	0.56	0.56	0.55	0.54	0.53
相互作用体系（双向输入）	0.50	0.49	0.50	0.50	0.51	0.51	0.51	0.51	0.50	0.50	0.49	0.48
刚性地基（单向输入）	0.26	0.47	0.52	0.52	0.50	0.47	0.44	0.39	0.34	0.28	0.22	0.17

4.5　结构-地基相互作用体系地震反应的动画显示

ANSYS 程序具有强大的动画显示功能，能用图形方式阐释许多分析结果，包括非线性以及与时间有关的问题。Windows 平台上的 ANSYS 程序使用微软公司标准的 AVI 文件格式来存储 ANSYS 图形的动画。

对结构-地基动力相互作用体系进行三维有限元时程计算之后，启动 ANSYS 程序的动画显示功能，对地震动作用下体系的变形随时间的变化过程进行动画显示，程序将动画帧图存入 AVI 文件中。通过播放器播放 Jobname. AVI 文件，就可以形象而生动地再现结构-地基相互作用体系的地震反应过程了。

图 4 - 45 给出了 BS10 试验模型在单向 SH6 地震激励情况下某个时刻的变形图。

4.6　本 章 小 结

本章采用通用有限元程序 ANSYS，针对振动台试验中的分层土-箱基-结构试验，进行三维有限元分析，并与试验结果进行对照研究，以此来揭示考虑结构-地基动力相互作用时结构地震反应的有关规律。

在建立计算模型时，通过加耦合和加约束方程的方法，解决了不同类型单元

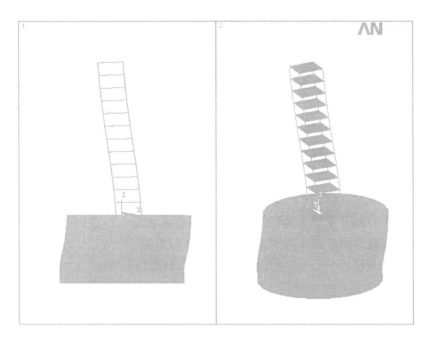

图 4－45　结构-地基动力相互作用体系变形图(BS10 试验模型,SH6 激励,1.513 2 秒时刻)

之间自由度不协调的问题。并通过试验与计算结果的对比,验证了所采用的计算模型和计算方法的合理性与可行性。

经过计算得出与试验相一致的规律有:

(1)相互作用体系的加速度峰值反应的规律为:对于土体部分,土层传递振动的放大或减振作用与土层性质、激励大小等因素有关。对砂土层,一般起放大作用;对中间砂质粉土层,一般起减振隔震作用。对于上部框架结构,在小震时,各层加速度反应峰值不同,这是基础平动和摆动引起的结构反应以及结构多振型反应的复合结果;在大震时,由于土体的隔震作用,上部结构接受的振动能量较小,各层反应均较小。随着输入加速度峰值的增加,加速度峰值放大系数一般减小,其原因主要是土传递振动的能力减弱。

(2)在分层土上相互作用体系的计算中,箱基置于较软的砂质粉土层,由基础转动引起的摆动分量和平动分量是结构顶部加速度反应的主要组成分量,结构变形分量相对较小。在软土地基时,考虑基础转动和平动是十分必要的。

(3)由于上部结构的振动反馈,基础处的有效地震动输入比自由场地震动小。

（4）软土地基对地震动起滤波和隔震作用。地震动自下而上传播中，软土地基过滤了大部分高频地震动，仅留下低频成分，而且加速度峰值减小。

（5）通过结构-地基动力相互作用体系与刚性地基上结构的计算结果的对比，进一步讨论了动力相互作用的效果。在相同的自由场地震动输入下，考虑相互作用的结构加速度、层间剪力、弯矩反应通常比刚性地基上的情况小；而位移则比刚性地基上的情况大。

（6）在上海人工波激励下，体系的动力反应明显大于 El Centro 波和 Kobe 波输入下的反应。

（7）竖向地震动对相互作用体系在水平地震激励下的结构-地基相互作用体系动力反应的规律没有明显的影响。

由计算分析得到，但试验中无法得出的规律主要有：

（1）箱基基础底面和侧面发生了土与基础接触面的脱离再闭合和滑移现象。

（2）接触压力峰值在箱基基础底面中线呈两边大、中间小的分布，且中间部分的接触压力在较大范围内大小比较接近。接触压力峰值的大小与输入的波形有关，上海人工波激励时接触压力峰值比 El Centro 波和 Kobe 波激励时大。滑移量峰值在箱基基础底面中线呈两边大、中间小的分布。滑移量峰值与激励的大小、输入的波形都有较大的关系。对于同一波形，随输入激励的加速度峰值增大，滑移量峰值增大。当输入不同波形时，上海人工波激励时滑移量峰值比 Kobe 波和 El Centro 波激励时大。

（3）在计算中，不考虑土体的材料非线性将会导致较大的误差；不考虑接触面的状态非线性也会导致一定的误差，但比不考虑土体材料非线性所导致的误差小得多。考虑接触后对上部结构的地震反应有较大影响，对土体的反应基本没有影响。采用嵌固基础与地基土的方式不是对所有的结构物都适用的。

结构-地基动力相互作用对体系地震反应的影响是很显著的，在深入研究的基础上，有必要对刚性地基假定和现行结构抗震设计方法做出改进。本章以均匀土-箱基-结构动力相互作用体系振动台试验的计算分析为基础，进行了分层土-箱基-结构动力相互作用体系振动台试验的计算分析，为后续进行实际结构的分析研究工作奠定了基础。

第 5 章

结构-地基动力相互作用体系的实例分析

5.1 引　　言

　　近几十年来,国内外的学者针对结构-地基动力相互作用问题进行了大量的研究,不少学者编写了进行动力相互作用体系计算的程序,如第 1.5 节所述,但这些程序往往具有一定的局限性,因而真正走向实用的并不多。在这种情况下,如何寻找一种大家可以普遍接受的、能较好的进行动力相互作用研究的计算分析方法就成为一项有意义的工作。

　　本章在前面几章分析动力相互作用体系振动台试验的基础上,尝试利用通用有限元程序 ANSYS 进行了上海软土地区某高层建筑结构的动力相互作用分析,探讨了上海土的动力本构模型以及土体黏-弹性人工边界在 ANSYS 程序中的实现问题,并研究土体边界、上部结构刚度、上部结构形式、地震波激励、土性、基础埋深以及基础形式等参数对动力相互作用体系动力特性及地震反应的影响。

5.2 工　程　概　况

　　某高层建筑,为现浇框架结构,柱网布置如图 5-1 所示。该建筑地上 12层,底层层高 4.5 m,其余各层层高 3.6 m;地下一层,层高 6 m。现浇楼板厚120 mm,柱子尺寸为 600 mm×600 mm,边梁尺寸为 250 mm×600 mm,走道梁尺寸为 250 mm×400 mm。主筋采用Ⅱ级变形钢筋,混凝土采用 C30 强度等级。基础采用箱基,箱基顶板厚 400 mm,底板厚 600 mm,箱基外墙厚 500 mm,内墙厚 300 mm。

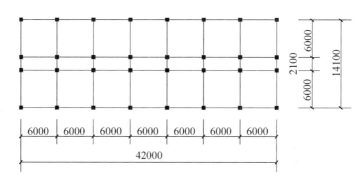

图 5-1 柱网布置

土体采用上海石门一路附近的土层分布[133-134],从土表往下依次为① 填土、③ 灰色淤泥质粉质黏土、④ 灰色淤泥质黏土、⑤-₁灰色黏土、⑤-₂灰色粉质黏土、⑤-₃灰绿色黏土、⑦ 草黄-灰色粉砂。土体在静力状态下的物理力学参数如表5-1所示。

表 5-1 土层物理力学参数

序号	土 层 名 称	层底埋深(m)	密度(t/m³)	弹模(MPa)	泊松比	内聚力(MPa)	内摩擦角	强化参数(MPa)
①	填土	3.5	1.8	1.4	0.45	5	15	0.7
③	灰色淤泥质粉质黏土	8	1.74	2.79	0.45	8	14.9	1.395
④	灰色淤泥质黏土	17.6	1.7	1.98	0.45	8	7.2	0.99
⑤-₁	灰色黏土	26.5	1.77	3.71	0.45	10	10.2	1.855
⑤-₂	灰色粉质黏土	35.2	1.81	4.77	0.45	7	17.1	2.385
⑤-₃	灰绿色黏土	41.3	1.99	6.91	0.45	28	14.7	3.455
⑦	草黄-灰色粉砂	>41.3	1.96	14.93	0.4	2	25.7	7.465

5.3 建模方法和计算方法

对动力相互作用体系建立合理的计算模型,是进行计算分析和保证计算结果可靠的关键;而选用的计算方法,直接关系到计算的精度、计算的稳定性和计算的时间,在计算分析过程中也起着重要的作用。本节主要讨论建模方面在

ANSYS 程序中实现起来较困难的土体材料非线性的模拟、土体边界条件的施加等问题。而关于网格划分的原则、阻尼模型的选取、对称性的利用以及计算方法的选取等问题则沿用了第 3 章中的方法，这里不再赘述。

5.3.1　土体动力本构模型的选取

本章在进行土-箱基-结构动力相互作用体系的计算中，土体采用等效线性化模型。等效线性化方法和真线性方法是目前地基抗震中考虑土介质非线性动力性能的两种主要方法。等效线性化的基本思想是根据土的动剪切模量 G 与阻尼比 D 随剪应变幅值 γ 之间的关系，通过叠代法得到使 G、D 与 γ 相协调的等效线性体系，以近似求解土的非线性动力反应。真非线性方法则按照土在任意往返荷载下的非线性应力应变关系，遵循实际应力路径进行增量分析求解。自 1969 年，Seed 和 Idriss 首次用等效线性化方法计算了水平场地的地震反应以来，等效线性化方法在工程中得到广泛应用。Martin 和 Seed 对六个一维场地，分别用等效线性化方法和两种非线性本构模型的真非线性方法进行对比分析，研究表明等效线性化方法和真非线性方法结果基本一致[135]。Hadjian 用台湾 Lotung 核电站模型的地震观测记录对一些程序进行测试，表明等效线性化方法用于地基地震反应和土-结构动力相互作用是可行的[82-83]。

试验研究表明，土的动剪切模量 G 与动剪应变幅值 γ 之间的关系基本符合双曲线关系，土的阻尼比 D 也随剪应变幅值 γ 变化。1972 年，Hardin 和 Drnevich 提出了预测 $G/G_{\max} \sim \gamma$ 和 $D/D_{\max} \sim \gamma$ 之间关系的经验关系，即著名的 Hardin-Drnevich 模型，如式(5-1)所示：

$$\left.\begin{aligned} \frac{G}{G_{\max}} &= \frac{1}{1+\dfrac{\gamma}{\gamma_r}} \\[2ex] \frac{D}{D_{\max}} &= \frac{\gamma_r}{1+\dfrac{\gamma}{\gamma_r}} \end{aligned}\right\} \tag{5-1}$$

式中，$G_{\max}$、$D_{\max}$ 分别是最大动剪切模量和最大阻尼比，可以通过试验或经验公式确定，$\gamma_r = \dfrac{\tau_{\max}}{G_{\max}}$ 为参考剪应变，$\tau_{\max}$ 为 γ 足够大时以土的抗剪强度为渐近线的极限值，一般可以取 $\gamma = 0.01$ 时的 τ 值。对于剪应力 τ 作用于水平面上的情况，可以近似地根据莫尔-库仑破坏理论按式(5-2)计算：

$$\tau_{\max} = \sqrt{\left(\frac{1+k_0}{2}\sigma_v\sin\phi + c\cos\phi\right)^2 - \left(\frac{1-k_0}{2}\sigma_v\right)^2} \qquad (5-2)$$

式中，k_0 为静止土压力系数，σ_v 为土承受的静止竖向正应力，c 和 ϕ 分别为土的内聚力和内摩擦角。

为了更好地符合试验结果，可以引入两个经验参数 a 和 b，并把模型中的 γ_r 换为 γ_h，γ_h 由下式计算：

$$\gamma_h = \frac{\gamma}{\gamma_r}\left[1 + a\exp\left(-b\frac{\gamma}{\gamma_r}\right)\right] \qquad (5-3)$$

后来，Seed 和 Martin 改进了 Hardin-Drnevich 模型，认为 Davidenkov 模型可以更好地描述各类土剪应力与剪应变之间的关系。

在此基础上，本章采用 Davidenkov 模型的土骨架曲线，$G/G_{\max} \sim \gamma$ 关系如式(5-4)所示：

$$\frac{G}{G_{\max}} = 1 - H(\gamma) \qquad (5-4)$$

其中，

$$H(\gamma) = \left[\frac{(|\gamma|/\gamma_r)^{2B}}{1 + (|\gamma|/\gamma_r)^{2B}}\right]^A \qquad (5-5)$$

式中各参数的意义与前面相同，当参数 $A=1.0$、$B=0.5$ 时与 Hardin-Drnevich 模型相同。

对于土的滞回曲线 $D/D_{\max} \sim \gamma$，根据有关试验结果可以用如下经验公式表示：

$$\frac{D}{D_{\max}} = \left(1 - \frac{G}{G_{\max}}\right)^\beta \qquad (5-6)$$

其中，$D_{\max}$ 为最大阻尼比，β 为 $D \sim \gamma$ 曲线的形状系数，对于大多数土，β 的取值在 $0.2 \sim 1.2$ 之间，对于上海软土可取 1.0。

下面针对上海土的上述 Davidenkov 模型中的参数：最大动剪切模量 $G_{\max}$、最大阻尼比 $D_{\max}$ 以及 A、B、γ_r 的取法作一简单介绍。

1. 最大动剪切模量 $G_{\max}$

最大动剪切模量 $G_{\max}$ 可用共振柱法测定，也可由经验公式求出。Hardin、Richart、Black 等人提出了大多数黏土和砂的 $G_{\max}$ 可以用下列经验公式计算。

对于圆粒干净砂（$e < 0.8$）

$$G_{max} = 6\,930\,\frac{(2.17-e)^2}{1+e}(\sigma'_0)^{\frac{1}{2}}\,(\text{kPa}) \qquad (5-7)$$

对于角粒干净砂

$$G_{max} = 3\,230\,\frac{(2.97-e)^2}{1+e}(\sigma'_0)^{\frac{1}{2}}\,(\text{kPa}) \qquad (5-8)$$

对于黏性土

$$G_{max} = 3\,230\,\frac{(2.97-e)^2}{1+e}OCR^k(\sigma'_0)^{\frac{1}{2}}\,(\text{kPa}) \qquad (5-9)$$

式中，e 是孔隙比，σ'_0 是土的平均有效固结应力，OCR 是土的超固结比，k 是塑性指数 I_p 有关的参数，当 $I_p = 0, 20, 40, 60, 80$ 和 $I_p \geqslant 100$ 时，k 分别取 0，$0.18, 0.30, 0.41, 0.48, 0.50$。

王天龙[136]通过室内共振柱试验证明，上述公式对于上海土层，包括深层土仍然有效。费涵昌根据上海某大桥桥址土层的共振柱试验，对以上公式的系数进行了部分修正：

$$G_{max} = A\,\frac{(2.97-e)^2}{1+e}(\sigma'_0)^{\frac{1}{2}}\,(\text{kPa}) \qquad (5-10)$$

其中，A 为试验参数，对于黏土、亚黏土，$A = 3000$；对于轻亚黏土，$A = 4000$；对于粉细砂，$A = 7000$。

后来，Hardin 等又修正了以上公式，提出了适用于各类土的经验关系

$$G_{max} = c\,\frac{OCR^k}{0.3+0.7e^2}p_a\left(\frac{\sigma'_0}{p_a}\right)^{0.5} \qquad (5-11)$$

式中，c 是与土类有关的试验常数，p_a 为标准大气压，其他参数意义同上。

黄雨[137]等以式（5-11）为基础，通过对上海土层共振柱试验资料的分析，提出了以下 G_{max} 经验关系式

$$G_{max} = c\,\frac{1}{0.3+0.7e^2}p_a\left(\frac{\sigma'_0}{p_a}\right)^{0.5} \qquad (5-12)$$

其中，对于黏性土 $c = 353.2$，粉性土 $c = 450.7$，砂性土 $c = 485.4$。应该指出：由于上海土除了表层硬壳层、暗绿色硬土层等是超固结土外，以黏土、淤泥

质黏土为主的上海土层是微超固结土层,平均的 $OCR \approx 1.10$,因此可近似看作正常固结土。

G_{max} 也可根据现场地球物理试验,用波速法确定,如式(5-13)所示。

$$G_{max} = \rho V_s^2 \qquad (5-13)$$

式中,ρ 为土的质量密度,V_s 为土的剪切波速。

上海市地基基础设计规范[133]提供了上海部分土层的剪切波速参考值及由标准贯入试验击数 N 和土层深度 z 计算 V_s 的经验公式,如表5-2和式(5-14):

表5-2 上海部分土层的剪切波速 V_s 值

土 层	埋藏深度(m)	N	V_s(m/s)
褐黄色黏性土	<4	<3	90~130
灰色淤泥质黏性土	4~20	<3	100~160
灰色粉性土	15~24	2~9	110~185
灰色黏性土	20~45	5~15	160~220
暗绿色、草黄色黏性土	25~35	12~29	180~290
草黄色砂质粉土、粉砂	30~45	15~35	230~340

注:(1) 浅层土 N 较低时,剪切波速 V_s 取低值;(2) 表中 N 系现场实测值,未经深度修正。

$$V_s = \alpha(117.59 + 0.45N + 2.19z) \qquad (5-14)$$

式中,α 为系数,褐黄色黏性土 $\alpha = 0.75$;暗绿色、草黄色黏性土 $\alpha = 1.20$;草黄色砂质粉土,粉砂 $\alpha = 1.35$;其他类土 $\alpha = 1.00$;z 的单位为 m。

周锡元[138]提出上海地区土层深度 z 与剪切波速 V_s 的统计关系为:

$$V_s = 111.7z^{0.198}(单位:m/s) \qquad (5-15)$$

金华[139]提出上海地区土层的 $V_s \sim z$ 的统计关系为:

$$V_s = 58.77z^{0.397}(单位:m/s) \qquad (5-16)$$

郑金安[140]对上海第四系土的剪切波速、动剪切模量与深度的关系进行了比较详细的研究,提出了统计关系式,见表5-3。

2. 最大阻尼比 D_{max} 以及参数 A、B、γ_r

上海土层 Davidenkov 模型的土骨架曲线 $G/G_{max} \sim \gamma$ 关系式的参数 A,B 及

最大阻尼比 D_{max} 可参考表 5-4 选用。另外一个参数 γ_γ 则可按照式(5-17)确定。

$$\gamma_\gamma = \gamma'_\gamma(0.01\sigma'_m)^{1/3}(单位：kPa) \tag{5-17}$$

表 5-3　上海第四系土的剪切波速、动剪切模量与深度统计关系

土　　层	V_s 统计关系式(m/s)	G_{max} 统计关系式(10 kPa)
褐黄色黏土	$V_s = 98.25(z+0.174\,3)^{0.159\,5}$	$G_{max} = 1\,904.9(z+0.128\,4)^{0.364\,9}$
灰色淤泥质亚黏土	$V_s = 80.55(z+0.708\,1)^{0.240\,5}$	$G_{max} = 1\,198.9(z+1.030\,3)^{0.472\,1}$
灰色淤泥质亚砂土	$V_s = 90.63(z+0.368\,9)^{0.214\,6}$	$G_{max} = 1\,574.7(z+0.616\,6)^{0.422\,8}$
灰色淤泥质黏土	$V_s = 66.23(z+1.265\,7)^{0.287\,6}$	$G_{max} = 821.65(z+1.162\,5)^{0.571\,1}$
褐灰色黏性土	$V_s = 30.53(z+0.545\,6)^{0.541\,2}$	$G_{max} = 169.52z^{1.062\,7}$
灰绿 — 褐黄色黏性土	$V_s = 14.45(z+0.252\,1)^{0.807\,7}$	$G_{max} = 5\,303.4(z+1.162\,5)^{0.571\,1}$
灰色—褐黄色亚砂土,粉细砂	$V_s = 19.07(z+0.184\,0)^{0.658\,4}$	$G_{max} = 60.264(z+0.123\,2)^{1.505\,9}$
总试验式	$V_s = 85.77(z+0.537\,8)^{0.241\,1}$	$G_{max} = 1\,278.99(z+0.706\,8)^{0.535\,6}$

表 5-4　上海土层 Davidenkov 模型的参数

土　　类	A	B	D_{max}	$\gamma'_\gamma(10^{-3})$
黏性土	1.62	0.42	0.30	0.6
粉性土	1.12	0.44	0.25	0.8
砂　土	1.10	0.48	0.25	1.0
中粗砂	1.10	0.48	0.25	1.2

5.3.2　黏-弹性人工边界的施加

常用的人工边界中,黏性边界、旁轴边界、透射边界属时域局部人工边界。其中,旁轴边界和透射边界精度较高,但旁轴边界最适合于有限差分析,透射边界由于直接模拟波动的传播,需要离散时间点和空间点上运动,易于与有限元和有限差分方法结合,但在实际工程中,由于高阶公式很复杂,并存在着稳定性问题,因此这两种边界常常也仅用到一阶精度。黏性边界虽然只有一阶精度,但概念清楚,易于程序实现,所以应用最为广泛。Deeks[141]采用与黏性边界推导过

程相类似的方法,在假定二维散射波为柱面波的形式上推导出了黏-弹性人工边界条件。本章在计算分析中采用了这种黏-弹性人工边界,并在 ANSYS 程序中予以实现。

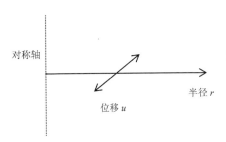

对称轴

半径 r

位移 u

图 5-2 推导过程所采用的坐标系

假定二维散射波为柱面波,坐标系如图 5-2 所示,出平面柱面波的运动方程为:

$$\frac{\partial^2 u}{\partial t^2} = v_s^2 \left(\frac{\partial^2 u}{\partial r^2} + \frac{1}{r} \frac{\partial u}{\partial r} \right) \quad (5-18)$$

其中,u 为介质的切向位移,v_s 为剪切波在连续介质中的传播波速:

$$v_s = \sqrt{\frac{G}{\rho}} \quad (5-19)$$

其中,G 为连续介质的剪切模量,ρ 为介质的质量密度。

对于柱面波,精确的表达式不存在,可以近似地表达为下式[142]:

$$u(r, t) = \frac{1}{\sqrt{r}} f\left(t - \frac{r}{v_s} \right) \quad (5-20)$$

把 f 对它括号内变量的导数记为 f',则任一半径 r 上的剪应变和剪应力为:

$$\gamma(r, t) = \frac{\partial u}{\partial r} = -\frac{1}{2r^{3/2}} f - \frac{1}{v_s \sqrt{r}} f' \quad (5-21)$$

$$\tau(r, t) = G\gamma = G\left(-\frac{1}{2r^{3/2}} f - \frac{1}{v_s \sqrt{r}} f' \right) \quad (5-22)$$

在任一半径 r_b 处,导数 f' 和函数 f 对时间 t 的导数大小相等,符号也相同,因此该点的速度可表示为:

$$\frac{\partial u}{\partial t}(r_b, t) = \frac{1}{\sqrt{r_b}} f'\left(t - \frac{r_b}{v_s} \right) \quad (5-23)$$

比较式(5-20)、式(5-22)和式(5-23)可知,任一半径 r_b 处的应力同该处的速度和位移的关系可表示如下:

$$\tau(r_b, t) = -G\left[\frac{1}{2r_b}u(r_b, t) + \frac{1}{v_s}\frac{\partial u}{\partial t}(r_b, t)\right]$$

$$= -\frac{G}{2r_b}u(r_b, t) - \rho v_s\frac{\partial u}{\partial t}(r_b, t) \tag{5-24}$$

可以看出,方程(5-24)等价于一阻尼系数为 ρv_s 的阻尼器(类似于黏性边界的黏性阻尼)并联上一个刚度系数为 $G/2r_b$ 的线性弹簧,这说明如果在半径 r_b 处截断介质,同时施加相应的边界元件后,在边界上可以得到与方程(5-24)相同的形式,即可以完全消除满足方程(5-20)的剪切波在边界 r_b 处产生的反射波,即可以精确地模拟满足方程(5-20)的剪切波由有限域向无限域的传播。但是,由于波动方程本身是近似满足运动方程(5-18)的,因此该边界方程也是近似成立的,它的精确程度依赖于波动方程(5-20)的近似程度。

人工边界的误差通常可以用反射系数 $R = B/A$ 来表示,其中 A 和 B 分别表示入射波和由人工边界引起的反射波在人工边界处的幅值,如果 $|R| \leqslant 1$,即所有边界节点上反射波的幅值均不超过入射波的幅值,那么,有限计算区中包含的全部能量不随反射次数增加,这样就可以保证数值计算不会发生失稳,并且 R 越小,人工边界的精度越高。

在边界上,实际波 $u(r)$ 可以分为入射波 $u_I(r)$ 和反射波 $u_R(r')$ 两部分,即 $u(r) = u_I(r) + u_R(r')$。其中:

入射波 $u_I(r)$ 的形式为:

$$u_I(r) = Au(r) = A\left[\frac{1}{\sqrt{r}}e^{i\omega\left(t-\frac{r}{v_s}\right)}\right] \tag{5-25}$$

而反射波 $u_R(r')$ 的形式为:

$$u_R(r') = Bu(r') = B\left[\frac{1}{\sqrt{r'}}e^{i\omega\left(t-\frac{r'}{v_s}\right)}\right] \tag{5-26}$$

其中, ω 为振动的角频率, θ 为入射波传播方向与边界法线方向的夹角,即波入射角。在这里,为方便起见,入射波和反射波选用了不同的坐标系 r 和 r',两个坐标系的原点关于边界点是对称的,因此反射波的形式与入射波的形式是相同的。

在边界点处, $r = r_b$, $r' = r_b$,因而有边界条件:

$$\tau_B = -\frac{G}{2r_b}\left[A\frac{1}{\sqrt{r_b}}e^{i\omega\left(t-\frac{r_b}{v_s}\right)} + B\frac{1}{\sqrt{r_b}}e^{i\omega\left(t-\frac{r_b}{v_s}\right)}\right]$$

$$-i\omega\rho v_s\left[A\frac{1}{\sqrt{r_b}}e^{i\omega\left(t-\frac{r_b}{v_s}\right)}+B\frac{1}{\sqrt{r_b}}e^{i\omega\left(t-\frac{r_b}{v_s}\right)}\right] \tag{5-27}$$

而入射波和反射波产生的应力分别为:

$$\tau_{bI}=G\frac{\partial u_I}{\partial r}\bigg|_{r=r_b}\cos\theta=AG\cos\theta\left[\frac{1}{2r_b^{3/2}}e^{i\omega\left(t-\frac{r_b}{v_s}\right)}-\frac{i\omega}{c}\frac{1}{\sqrt{r_b}}e^{i\omega\left(t-\frac{r_b}{v_s}\right)}\right]$$

$$\tag{5-28}$$

$$\tau_{bR}=-G\frac{\partial u_R}{\partial r}\bigg|_{r'=r_b}\cos\theta=-BG\cos\theta\left[\frac{1}{2r_b^{3/2}}e^{i\omega\left(t-\frac{r_b}{v_s}\right)}-\frac{i\omega}{c}\frac{1}{\sqrt{r_b}}e^{i\omega\left(t-\frac{r_b}{v_s}\right)}\right]$$

$$\tag{5-29}$$

由 $\tau_B=\tau_b=\tau_{bI}+\tau_{bR}$ 得:

$$-\frac{G}{2r_b}\frac{A}{\sqrt{r_b}}-i\omega\rho v_s\frac{A}{\sqrt{r_b}}-\frac{G}{2r_b}\frac{B}{\sqrt{r_b}}-i\omega\rho v_s\frac{B}{\sqrt{r_b}}$$

$$=-\frac{G}{2r_b^{3/2}}A\cos\theta-i\omega\frac{GA}{v_s\sqrt{r_b}}\cos\theta+\frac{GB}{2r_b^{3/2}}\cos\theta+i\omega\frac{GB}{v_s\sqrt{r_b}}\cos\theta$$

$$\tag{5-30}$$

简化后,可得出黏-弹性边界的反射系数如下:

$$R=\left|\frac{B}{A}\right|=\frac{1-\cos\theta}{2+\cos\theta} \tag{5-31}$$

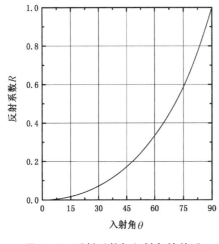

图 5-3 反射系数与入射角的关系

式(5-31)的形式与 Lysmer 黏性边界的形式相同,即黏-弹性人工边界的反射系数 R 也随入射角 θ 的变化而变化,R 与 θ 的关系如图 5-3 所示,当入射角 θ 为 $0°$(即入射波垂直入射)时,反射系数 $R=0$,这说明在边界上不存在反射波,即此时黏-弹性人工边界条件精确满足方程 (5-20),这一点可由其推导过程显然得到。当入射角 θ 为 $90°$ 时,即入射波平行边界入射时,$R=1$,此时黏-弹性人工边界的误差最大。

从上面的分析结果看,黏-弹性人工边界与黏性边界的精度相同,但是,由于推导粘-弹性人工边界时对散射波场的假设更符合实际情况,因此实际上黏-弹性人工边界的精度要高于黏性边界,这一点可从第5.4.1节的算例中清楚地看出。

在三维波的传播问题中,边界面上要施加三个方向的边界元件,边界的法线方向需施加阻尼器,阻尼系数为 ρv_p;在边界的切线方向,需同时施加并联的阻尼器和线性弹簧,阻尼器的阻尼系数为 ρv_s,线性弹簧的刚度系数为 $G/2r_b$。

在 ANSYS 程序中施加黏-弹性边界时,利用程序中的弹簧-阻尼单元,在每一节点处施加三个方向的边界元件。由于 ANSYS 程序中的弹簧-阻尼单元利用的是集中阻尼和集中弹簧的概念,因此每个元件的阻尼系数和刚度系数要乘以该元件所在节点的支配面积。

5.4　参　数　分　析

本节探讨了土体的计算区域对计算结果的影响,研究了土体施加黏-弹性人工边界的效果,并在保证其他参数不变的情况下,分别单独改变上部结构的刚度、上部结构的结构形式、输入地震波的类型、土体的动力特性、上部结构的埋深和基础的类型,针对这些情况进行了结构-地基动力相互作用计算,并讨论了上述各因素对结构-地基动力相互作用体系地震反应的影响。

5.4.1　土体计算区域的确定

对实际工程进行动力相互作用计算时,合理确定土体计算区域并正确施加人工边界,是计算模型能否正确、合理、有效地模拟实际工程的关键问题之一。本节以前面的建模方法为基础,分别建立了土体沿纵向和横向取不同边界长度的计算模型,探讨了纵向和横向边界取值对计算精度的影响,并讨论了在横向边界处施加粘-弹性人工边界的精度。其中,水平地震的输入方向定义为横向,水平面内垂直于地震输入方向定义为纵向。

1. 纵向计算区域

本节在土体横向边界保持一定的前提下,进行了三种情况的计算:① 土体取 3 倍结构纵向尺寸并采用自由边界;② 土体取 5 倍结构纵向尺寸并采用自由边界;③ 土体取 10 倍结构纵向尺寸并采用自由边界。三种情况下,体系的动力特性比较如表 5 - 5。

表 5-5 不同纵向边界时相互作用体系的自振频率比较

纵向边界\阶次	3 倍		5 倍		10 倍
	频率(Hz)	相对于 10 倍的误差	频率(Hz)	相对于 10 倍的误差	频率(Hz)
1	0.359 5	2.7%	0.365 8	1.1%	0.369 7
2	0.437 2	7.9%	0.422 2	4.2%	0.405 1

三种情况下,从土体底部输入加速度峰值为 0.1 g 的 El Centro 波进行计算,所得位移峰值的比较见表 5-6。表中 A13 是框架结构顶层中点,A1 是结构底层中点,S19 是结构正下方距土表 41.3 m 土中点,S25 是沿地震输入方向距结构 20 m 处的土表点。

表 5-6 不同纵向边界时的位移峰值比较

纵向边界\点	3 倍		5 倍		10 倍
	位移峰值(m)	相对于 10 倍的误差	位移峰值(m)	相对于 10 倍的误差	位移峰值(m)
A13	0.405	5.8%	0.453	5.3%	0.430
A1	0.073	6.3%	0.079	1.3%	0.078
S19	0.017 5	2.5%	0.018 5	2.5%	0.018
S25	0.079	8.1%	0.085	1.2%	0.086

从表 5-5 和表 5-6 可以看出,纵向计算区域取值对相互作用体系的动力特性和位移反应的影响不大。当纵向边界取 5 倍的结构纵向尺寸时,纵向边界对相互作用体系的影响基本可以忽略。因而本书进行计算时,纵向边界选取了 5 倍的结构纵向尺寸。图 5-4 进一步比较了 5 倍和 10 倍纵向边界时,A13、A1、S19 和 S25 点的位移时程,从图中可进一步看出纵向边界取 5 倍纵向尺寸,基本上可以消除纵向边界对相互作用体系影响。

2. 横向计算区域

本节在土体纵向边界保持 5 倍结构纵向尺寸的前提下,进行了四种情况下的计算:① 土体取 10 倍结构横向尺寸并采用自由边界;② 土体取 10 倍结构横向尺寸并施加黏性边界;③ 土体取 10 倍结构横向尺寸并施加粘-弹性边界;④ 土体取 30 倍结构横向尺寸并取自由边界,利用此情况近似模拟半空间无限域。

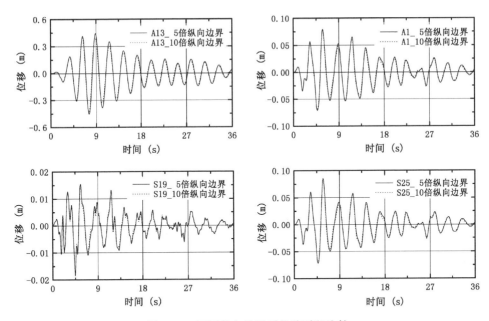

图 5 - 4　不同纵向边界时位移时程比较

四种情况下,体系的动力特性比较如表 5 - 7。从表中可以看出,四种情况下的相互作用体系的 1 阶、2 阶频率接近。

表 5 - 7　不同横向边界时相互作用体系的自振频率比较

阶次 \ 横向边界	10 倍(自由边界)		10 倍(黏性边界)		10 倍(黏-弹性边界)		30 倍
	频率 (Hz)	相对于30 倍的误差	频率 (Hz)	相对于30 倍的误差	频率 (Hz)	相对于30 倍的误差	频率 (Hz)
1	0.3954	1.3%	0.395 3	1.4%	0.3962	1.1%	0.4008
2	0.4632	5.2%	0.463 1	5.2%	0.4710	3.6%	0.4886
3	0.6583	13.9%	0.658 3	13.9%	0.6755	16.9%	0.5779

四种情况下,从土体底部输入加速度峰值为 0.1 g 的 El Centro 波进行计算,位移峰值的比较如表 5 - 8。从表 5 - 7 和表 5 - 8 中可看出,10 倍横向边界加黏性边界和黏-弹性边界都能较好的模拟无限域情况,且黏-弹性边界模拟的效果要比黏性边界稍好,这与第 5.3.2 节理论推导结果一致。因而在本书以后的计算中,横向边界选取 10 倍的结构横向尺寸,并在横向边界处施加黏-弹性人工边界。图 5 - 5 进一步比较了 10 倍横向边界加黏-弹性人工边界和 30 倍横向边界时,A13、A1、S19 和 S25 点的位移时程,从图中可看出取 10 倍横向边界加黏-弹性

人工边界和30倍横向边界的位移时程基本一致,从而进一步说明取10倍横向边界加黏-弹性人工边界进行计算基本上可以消除横向边界对相互作用体系的影响,可较好模拟无限域情况。

表5-8 不同横向边界时的位移峰值比较

点	横向 边界	10倍(自由边界)		10倍(黏性边界)		10倍(黏-弹性边界)		30倍
		位移峰值 (m)	相对于30 倍的误差	位移峰值 (m)	相对于30 倍的误差	位移峰值 (m)	相对于30 倍的误差	位移峰值 (m)
A13		0.385 5	21.3%	0.289 3	8.9%	0.293 7	7.5%	0.317 7
A1		0.072 0	21.2%	0.057 8	2.7%	0.058 0	2.4%	0.059 4
S19		0.018 4	5.7%	0.015 2	12.6%	0.015 4	11.5%	0.017 4
S25		0.079 5	39.2%	0.060 4	5.8%	0.059 8	4.7%	0.057 1

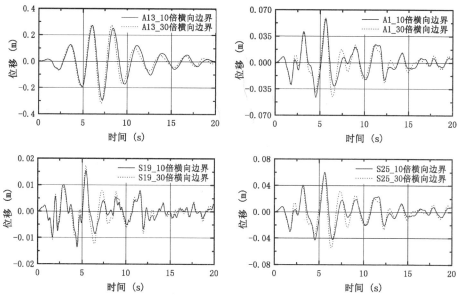

图5-5 不同横向边界时位移时程比较

综上所述,进行本例实际工程的计算时,土体纵向边界取5倍结构纵向尺寸,并在纵向边界处采用自由边界,土体横向边界取10倍结构横向尺寸,并在横向边界处施加粘-弹性人工边界,可较好地模拟无限域土体。图5-6给出了采用上述边界值的模型网格划分图,由于对称,图中沿地震波输入方向选取一半结构进行计算。图中,上部结构柱、梁采用梁单元模拟,箱基、楼板采用壳单元模拟,土体采用三维实体单元模拟。

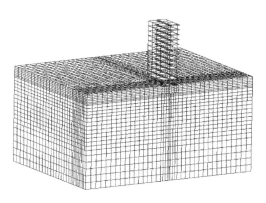

图 5-6　网格划分图

5.4.2　上部结构刚度的影响

本节通过改变上部结构的混凝土强度等级以及框架柱的尺寸来改变上部结构刚度,以研究上部结构刚度变化对 SSI 体系动力特性及相互作用效果的影响。

本书第 5.2 节"工程概况"中,上部框架结构采用 C30 混凝土,框架柱截面尺寸为 600 mm×600 mm,为了研究上部结构刚度变化对相互作用特性的影响,选取如下五种情况进行计算:① 混凝土强度等级为 C20,框架柱截面尺寸为 350 mm×350 mm,此时 $f_s < f_g$,即上部结构频率小于地基频率;② 混凝土强度等级为 C20,框架柱截面尺寸为 450 mm×450 mm,此时 $f_s < f_g$;③ 混凝土强度等级为 C20,框架柱截面尺寸为 600 mm×600 mm,此时 $f_s \approx f_g$,即上部结构频率与地基频率基本一致;④ 混凝土强度等级为 C30,框架柱截面尺寸为 600 mm×600 mm,此时 $f_s > f_g$,即上部结构频率大于地基频率;⑤混凝土强度等级为 C60,框架柱截面尺寸为 700 mm×700 mm,此时,$f_s > f_g$。

1. 不同上部结构刚度时体系的自振频率

不同上部结构刚度时,相互作用体系的自振频率比较如表 5-9 所示。

表 5-9　不同上部结构刚度时的自振频率比较

编　　号	f_s、f_g 关系	刚性地基时结构的频率(Hz)	地基的频率(Hz)	相互作用体系的频率(Hz)
刚度①	$f_s < f_g$	0.2879	0.4653	0.4650
刚度②	$f_s < f_g$	0.3783	0.4653	0.4664

编　　号	f_s、f_g 关系	刚性地基时结构的频率(Hz)	地基的频率(Hz)	相互作用体系的频率(Hz)
刚度③	$f_s \approx f_g$	0.4548	0.4653	0.4689
刚度④	$f_s > f_g$	0.4933	0.4653	0.4710
刚度⑤	$f_s > f_g$	0.5707	0.4653	0.4775

注：表中的频率均为 X 方向振型参与系数为最大时的频率。

从表 5-9 可看出,随着上部结构刚度的增加,相互作用体系的自振频率略有增加,且相互作用体系的自振频率与地基的自振频率较接近。可见,对本例而言,相互作用体系的自振频率更多的取决于地基土特性,受上部结构刚度变化的影响不大。

2. 不同上部结构刚度时结构的加速度及位移反应

不同上部结构刚度时结构的加速度和位移反应峰值分别如图 5-7 和图 5-8。从图 5-7 可看出,随着上部结构刚度的增加,上部结构的加速度反应也逐渐增加;从图 5-8 可看出,随着上部结构刚度的增加,上部结构的位移反应基本上也逐渐增加。文献[8]和文献[95]中指出上部结构的刚度越大,考虑相互作用后的位移就越大,本例计算结果基本符合这一观点。但是,当增大到一定程度以后,有可能随刚度增加,局部楼层位移反而减小。如图 5-8,刚度⑤时顶部几层的位移略小于刚度③、④的相应位移,原因可能在于,楼层的位移是相互作用效果和刚度变化共同影响的,刚度增加导致的相互作用效果增加会使位移有增大趋势,而刚度增加本身又会使位移有减小的趋势,关键要看谁的作用更加明显。所以,对于具体问题应具体分析,并非如何情况下都是结构的刚度越大,考虑相互作用后的位移就越大。

图 5-9 给出了不同上部结构刚度时结构顶层加速度时程及其傅氏谱图。从加速度时程可进一步看出随着上部结构刚度的增加,结构的加速度反应增加。从傅氏谱图可看出,随着上部结构刚度的增加,傅氏谱图从多峰值变化为单峰值,再变化为多峰值,其中以刚度③时单峰值现象最明显,因为此时上部结构的自振频率与地基土的自振频率较接近,产生了共振现象。从傅氏谱图还可看出,随着上部结构的刚度增加,傅氏谱图中的峰值逐渐向右略有平移,体现了上部结构刚度的变化对相互作用体系基频的影响。

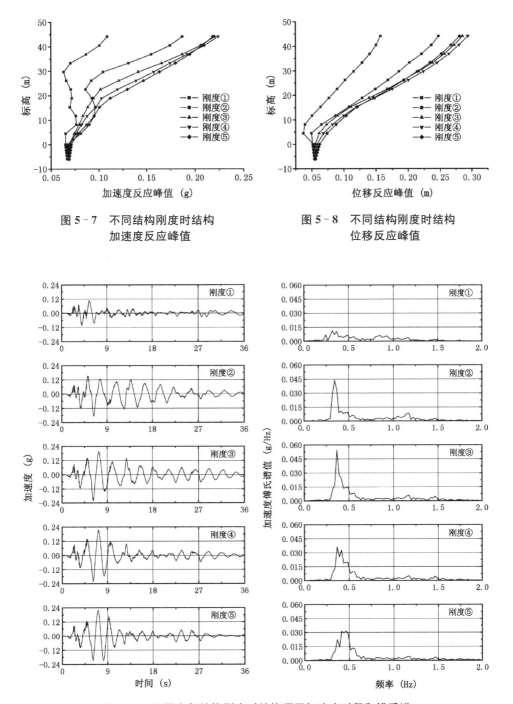

图 5 - 7　不同结构刚度时结构
加速度反应峰值

图 5 - 8　不同结构刚度时结构
位移反应峰值

图 5 - 9　不同上部结构刚度时结构顶层加速度时程和傅氏谱

3. 不同上部结构刚度时结构顶层位移组成分析

按第 2.9 节中图 2-20 和式(2-1)对本节相互作用体系的结构顶层位移反应组成进行分析,如表 5-10 所示。表中,u 为结构顶层总位移,$H\theta$ 为基础转动引起的摆动位移,u_g 为基础平动引起的平动位移,u_e 为上部框架结构的弹性变形。

表 5-10 不同上部结构刚度时结构顶层位移组成分析(单位:m)

编号	总位移 u	摆动分量 $H\theta$		平动分量 u_g		弹性变形分量 u_e	
		位移	与总位移 u 的比值	位移	与总位移 u 的比值	位移	与总位移 u 的比值
刚度①	0.1569	0.0239	15.2%	0.0526	33.5%	0.1776	113.2%
刚度②	0.2475	0.0564	22.8%	0.0515	20.8%	0.2200	88.9%
刚度③	0.2857	0.0863	30.2%	0.0554	19.4%	0.2031	71.1%
刚度④	0.2937	0.0970	33.0%	0.0580	19.8%	0.1921	65.4%
刚度⑤	0.2810	0.1099	39.1%	0.0621	22.1%	0.1529	54.4%

从表 5-10 可得出如下结论:

(1)摆动分量 $H\theta$ 与总位移 u 的比值,随上部结构刚度的增加而增加。这说明随上部结构刚度的增加,相互作用效果更加明显,导致上部结构的转动分量增加。

(2)上部结构弹性变形分量 u_e 与总位移 u 的比值,随上部结构刚度的增加而减小。从这里可看出,随上部结构刚度的增加,上部结构的转动分量增加,平动变形分量也略有增加,而弹性变形分量减小,总位移是这三部分共同作用的结果,并非单纯地随上部结构刚度的增加而增加。

4. 不同上部结构刚度时的相互作用效果

对上部结构刚度为刚度③、刚度④和刚度⑤情况下考虑结构-地基动力相互作用的结构位移反应计算结果与刚性地基情况下的结果进行比较,如表 5-11 所示,表中刚性地基情况计算时结构底部输入的地震动是不同上部结构刚度时、考虑相互作用情况下得到的土表距离结构足够远处的加速度时程。

从表 5-11 可看出,上部结构刚度越大,相互作用对结构位移峰值的影响越显著,即上部结构刚度越大,相互作用效果越明显,这与文献[8]给出的结论是一致的。

表 5‐11　不同上部结构刚度时结构沿振动方向的位移峰值比较

刚度 标高 (m)	刚度③: $f_s \approx f_g$			刚度④: $f_s > f_g$			刚度⑤: $f_s > f_g$		
	Ⅰ (m)	Ⅱ (m)	Ⅲ	Ⅰ (m)	Ⅱ (m)	Ⅲ	Ⅰ (m)	Ⅱ (m)	Ⅲ
−6.0	0.0546	0	—	0.0549	0	—	0.0559	0	—
0	0.0554	0.0004	14 946%	0.0580	0.0003	17630%	0.0621	0.0003	19200%
4.5	0.0615	0.0287	114.0%	0.0682	0.0250	173.1%	0.0740	0.0178	316.0%
8.1	0.0732	0.0605	21.07%	0.0823	0.0524	57.0%	0.0880	0.0395	122.8%
11.7	0.0903	0.0933	−3.2%	0.0999	0.0806	23.9%	0.1040	0.0627	65.9%
15.3	0.1116	0.1258	−11.3%	0.1203	0.1085	10.9%	0.1215	0.0858	41.7%
18.9	0.1397	0.1571	−11.1%	0.1482	0.1352	9.72%	0.1464	0.1079	35.6%
22.5	0.1670	0.1865	−10.4%	0.1751	0.1601	9.3%	0.1705	0.1287	32.5%
26.1	0.1928	0.2133	−9.6%	0.2005	0.1828	9.7%	0.1934	0.1476	31.0%
29.7	0.2166	0.2370	−8.6%	0.2240	0.2029	10.4%	0.2147	0.1643	30.7%
33.3	0.2380	0.2571	−7.4%	0.2453	0.2199	11.6%	0.2343	0.1784	31.3%
36.9	0.2568	0.2733	−6.0%	0.2641	0.2336	13.1%	0.2518	0.1898	32.7%
40.5	0.2726	0.2854	−4.4%	0.2802	0.2438	14.9%	0.2673	0.1984	34.8%
44.1	0.2857	0.2937	−2.7%	0.2937	0.2508	17.1%	0.2810	0.2045	37.4%

注：表中Ⅰ为考虑结构-地基动力相互作用时结构的位移峰值；Ⅱ为不考虑结构-地基动力相互作用时结构的位移峰值；Ⅲ为考虑与不考虑相互作用时结构位移峰值的相对误差，即为（Ⅰ−Ⅱ）/Ⅱ×100%。

5.4.3　上部结构形式的影响

　　为了研究不同上部结构形式对相互作用效果的影响,本节进行了某框剪结构与土体的动力相互作用计算分析,并与前面的框架结构做了对比。为了使计算结果具有可比较性,此框剪结构体系是在前面框架结构体系的基础上,保持其他参数不变,仅增加四片"L"形剪力墙构成,剪力墙厚度为 200 mm,混凝土采用 C30 强度等级,结构平面布置如图 5‐10 所示。

　　在进行该框剪结构相互作用体系的计算建模时,剪力墙采用 SHELL 单元模拟,其余部分的单元选取与网格划分、土体模型的选取、阻尼模型的选取、人工边界的施加都与框架结构相互作用体系建模时相一致。

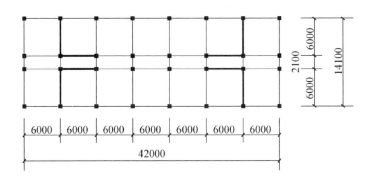

图 5-10　框剪结构平面布置

1. 不同上部结构形式时体系的自振频率

表 5-12 给出了不同上部结构形式时相互作用体系自振频率比较,从表中 A 和 C 列的比较可看出,框剪结构相互作用体系的频率要比框架结构相互作用体系的频率高。从表中还可看出,考虑土-结构动力相互作用后,两种体系的频率都比刚性地基时有大幅度的降低,且框剪结构体系频率的降低程度要比框架结构的显著得多。

表 5-12　不同上部结构形式时相互作用体系的自振频率比较

结构形式 阶次	框架结构			框剪结构		
	A: 相互作用体系		B: 刚性地基	C: 相互作用体系		D: 刚性地基
	频率(Hz)	相对于 B 的误差	频率(Hz)	频率(Hz)	相对于 D 的误差	频率(Hz)
1	0.3962	−19.7%	0.4933	0.4462	−54.0%	0.9691
2	0.4710	−69.4%	1.5420	0.5133	−87.6%	4.1318
3	0.6756	−75.6%	2.7736	0.6790	−91.1%	7.6134
4	0.7341	−82.2%	4.1209	0.7347	−90.9%	8.0574
5	0.9133	−83.8%	5.6411	0.9138	−89.7%	8.8289
6	0.9694	−85.1%	6.5466	0.9702	−90.2%	9.8989
7	1.0623	−85.0%	7.0837	1.0627	−89.4%	10.0214
8	1.1090	−84.6%	7.2251	1.1090	−89.6%	10.6659
9	1.1362	−84.9%	7.5367	1.1368	−89.6%	10.9572
10	1.1799	−84.8%	7.7621	1.1799	−89.7%	11.4085

2. 不同上部结构形式时结构的加速度及位移反应

对不同上部结构形式下考虑结构-地基动力相互作用的结构动力反应计算结果进行分析,结构的加速度反应峰值和位移反应峰值分别如图 5－11 和图 5－12 所示。从图中可以看出,框剪结构的加速度反应和位移反应均比框架结构的反应要小。这可能是因为框架结构的自振频率与土体的自振频率更加接近,造成了土体与上部结构的共振。

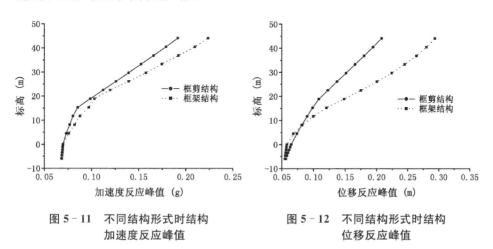

图 5－11 不同结构形式时结构　　　　图 5－12 不同结构形式时结构
　　　加速度反应峰值　　　　　　　　　　　位移反应峰值

图 5－13 给出了不同上部结构形式时结构顶层加速度时程及其傅氏谱图,从加速度时程可进一步看出,框剪结构体系的加速度反应比框架结构体系的反应小。从傅氏谱图可看出,框剪结构相互作用体系的峰值频率要比框架结构相互作用体系的峰值频率大,这是由于框剪结构的刚度较大,从而导致相互作用体系自振频率较大。

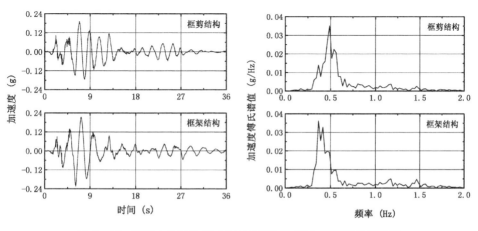

图 5－13 不同上部结构形式时结构顶层加速度时程及其傅氏谱

3. 不同上部结构形式时结构顶层位移组成分析

按第2.9节中图2-20和式(2-1)对本节相互作用体系的结构顶层位移反应组成进行分析,如表5-13所示。表中,u为结构顶层总位移,$H\theta$为基础转动引起的摆动位移,u_g为基础平动引起的平动位移,u_e为上部结构的弹性变形。

表5-13 不同上部结构形式时结构顶层位移组成分析 (单位:m)

结构形式	总位移 u	摆动分量 $H\theta$		平动分量 u_g		弹性变形分量 u_e	
		位移	与总位移 u 的比值	位移	与总位移 u 的比值	位移	与总位移 u 的比值
框架结构	0.2937	0.0970	33.0%	0.0580	19.8%	0.1921	65.4%
框剪结构	0.2078	0.1161	55.9%	0.0648	31.2%	0.0567	27.3%

从表5-13可看出,当上部结构为框剪结构时,摆动分量 $H\theta$ 占总位移 u 的比值和平动分量 u_g 占总位移 u 的比值,比框架结构相应的比值要大,这主要是由于框剪结构的刚度比框架结构的刚度大,因而框剪结构时相互作用效果明显所致;而弹性变形分量 u_e 与总位移 u 的比值,则比框架结构的相应比值小,这主要是由于框剪结构的刚度比框架结构的刚度大,因而弹性变形分量小而造成的。

4. 不同上部结构形式时相互作用效果

(1) 位移反应对比

表5-14给出了不同结构形式时结构沿振动方向的位移峰值比较,图5-14进一步给出了图形,从表5-14和图5-14中可看出,考虑相互作用后,上部结构的位移反应较不考虑相互作用时有所增加;且框剪结构增加的幅度要比框架结构大。这主要是由于框剪结构的刚度大,因而相互作用效果更加明显。这与文献[143]得出的结论是一致的。

表5-14 不同上部结构形式时结构沿振动方向的位移峰值比较

结构形式 标高(m)	框架结构			框剪结构		
	Ⅰ(m)	Ⅱ(m)	Ⅲ	Ⅰ(m)	Ⅱ(m)	Ⅲ
−6.0	0.0549	0	—	0.0563	0	—
0	0.0580	0.0003	17630%	0.0648	0.0002	39738%
4.5	0.0682	0.0250	173.1%	0.0738	0.0040	1866.9%

结构形式 标高(m)	框　架　结　构			框　剪　结　构		
	Ⅰ(m)	Ⅱ(m)	Ⅲ	Ⅰ(m)	Ⅱ(m)	Ⅲ
8.1	0.0823	0.0524	57.0%	0.0817	0.0077	963.4%
11.7	0.0999	0.0806	23.9%	0.0900	0.0122	640.0%
15.3	0.1203	0.1085	10.9%	0.0987	0.0171	476.2%
18.9	0.1482	0.1352	9.72%	0.1084	0.0224	384.0%
22.5	0.1751	0.1601	9.3%	0.1227	0.0279	340.2%
26.1	0.2005	0.1828	9.7%	0.1370	0.0334	310.2%
29.7	0.2240	0.2029	10.4%	0.1514	0.0389	289.0%
33.3	0.2453	0.2199	11.6%	0.1659	0.0444	273.7%
36.9	0.2641	0.2336	13.1%	0.1802	0.0497	262.5%
40.5	0.2802	0.2438	14.9%	0.1943	0.0548	254.5%
44.1	0.2937	0.2508	17.1%	0.2078	0.0591	251.3%

注：表中Ⅰ为考虑结构-地基动力相互作用时结构的位移峰值；Ⅱ为不考虑结构-地基动力相互作用时结构的位移峰值；Ⅲ为考虑与不考虑相互作用时结构位移峰值的相对误差，即为(Ⅰ-Ⅱ)/Ⅱ×100%。

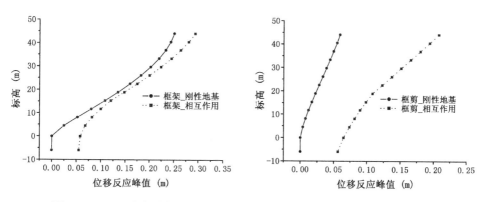

图 5-14　不同上部结构形式时刚性地基与相互作用体系位移峰值反应比较

表 5-15 给出了不同上部结构形式时结构沿振动方向的层间位移峰值比较，图 5-15 进一步给出了图形，从表 5-15 和图 5-15 中可看出，考虑相互作用后，上部结构的层间位移较不考虑相互作用时有所增加；且框剪结构增加的幅度要比框架结构大。这主要是由于框剪结构的刚度大，因而相互作用效果更加明显所致。

表 5 - 15   不同结构形式时结构沿振动方向的层间位移峰值比较

结构形式 楼层	框架结构			框剪结构		
	Ⅰ(m)	Ⅱ(m)	Ⅲ	Ⅰ(m)	Ⅱ(m)	Ⅲ
地下室	0.0131	0.0003	3914.8%	0.0159	0.0002	9697%
1	0.0279	0.0247	13.2%	0.0157	0.0036	337.8%
2	0.0283	0.0274	3.1%	0.0134	0.0039	241.8%
3	0.0291	0.0282	2.9%	0.0138	0.0045	209.4%
4	0.0289	0.0278	4.0%	0.0142	0.0050	187.0%
5	0.0283	0.0267	5.9%	0.0145	0.0053	174.7%
6	0.0271	0.0252	7.5%	0.0146	0.0055	168.0%
7	0.0256	0.0234	9.4%	0.0147	0.0055	165.1%
8	0.0237	0.0210	12.9%	0.0147	0.0055	165.2%
9	0.0214	0.0180	18.8%	0.0146	0.0054	167.7%
10	0.0189	0.0146	29.1%	0.0145	0.0053	172.0%
11	0.0162	0.0109	47.7%	0.0143	0.0051	180.2%
12	0.0136	0.0074	82.3%	0.0136	0.0044	213.1%

注：表中Ⅰ为考虑结构-地基动力相互作用时结构的层间位移峰值；Ⅱ为不考虑结构-地基动力相互作用时结构的层间位移峰值；Ⅲ为考虑与不考虑相互作用时层间位移峰值的相对误差，即为（Ⅰ－Ⅱ）/Ⅱ×100%。

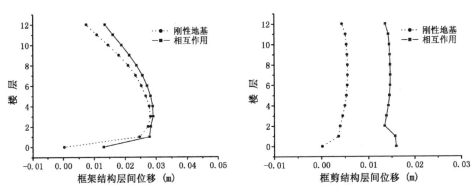

图 5 - 15   不同上部结构形式时刚性地基与相互作用体系层间位移反应比较

（2）加速度反应对比

表 5 - 16 给出了不同上部结构形式时结构沿振动方向的加速度峰值比较，图 5 - 16 进一步给出了图形,从表 5 - 16 和图 5 - 16 中可看出,考虑相互作用后,上部结构的加速度反应较不考虑相互作用时有所减小,且框架结构的加速度反

应及其变化幅度要比框剪结构的要大。这是因为地震波往上传播的过程中,高频分量被过滤,传到上部结构时低频分量已经占主导地位,而框架结构的频率比框剪结构的低,所以框架结构的加速度反应及其变化大。

表 5 - 16　不同上部结构形式时结构沿振动方向的加速度峰值比较

结构形式 标高(m)	框 架 结 构			框 剪 结 构		
	Ⅰ(g)	Ⅱ(g)	Ⅲ	Ⅰ(g)	Ⅱ(g)	Ⅲ
−6.0	0.0684	0.0752	−9.0%	0.0679	0.0752	−9.7%
0	0.0696	0.0754	−7.6%	0.0696	0.0754	−7.8%
4.5	0.0756	0.0755	0.1%	0.0729	0.0772	−5.5%
8.1	0.0818	0.0843	−3.0%	0.0767	0.0784	−2.2%
11.7	0.0876	0.0939	−6.7%	0.0802	0.0794	0.9%
15.3	0.0970	0.1109	−12.5%	0.0853	0.0846	0.8%
18.9	0.1029	0.1373	−25.0%	0.0987	0.0996	−0.9%
22.5	0.1195	0.1618	−26.1%	0.1122	0.1192	−5.9%
26.1	0.1392	0.1840	−24.4%	0.1257	0.1392	−9.7%
29.7	0.1577	0.2035	−22.5%	0.1392	0.1593	−12.7%
33.3	0.1745	0.2244	−22.3%	0.1526	0.1791	−14.9%
36.9	0.1923	0.2473	−22.3%	0.1659	0.1986	−16.5%
40.5	0.2099	0.2645	−20.6%	0.1790	0.2172	−17.6%
44.1	0.2239	0.2761	−18.9%	0.1915	0.2330	−17.8%

注:表中Ⅰ为考虑结构-地基动力相互作用时结构的加速度峰值;Ⅱ为不考虑结构-地基动力相互作用时结构的加速度峰值;Ⅲ为考虑与不考虑相互作用时加速度峰值的相对误差,即为(Ⅰ−Ⅱ)/Ⅱ×100%。

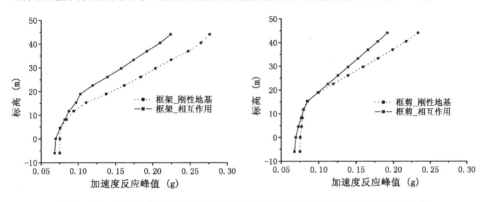

图 5 - 16　不同上部结构形式时刚性地基与相互作用体系加速度反应比较

（3）层间剪力对比

表 5-17 给出了不同上部结构形式时结构沿振动方向的层间剪力比较,图 5-17 进一步给出了图形,从表 5-17 和图 5-17 中可看出,考虑相互作用后,上部结构的层间剪力较不考虑相互作用时有所减小,且框架结构的层间剪力及其变化幅度比框剪结构的要大。原因同"加速度反应对比"。

表 5-17 不同上部结构形式时结构沿振动方向的层间剪力比较

结构形式 楼层	框 架 结 构			框 剪 结 构		
	I (10^3 kN)	II (10^3 kN)	III	I (10^3 kN)	II (10^3 kN)	III
地下室	13.7592	16.8347	-18.3%	13.1700	14.7119	-10.5%
1	12.2249	15.1744	-19.4%	11.6152	13.0260	-10.8%
2	11.6147	14.5647	-20.3%	10.9847	12.3587	-11.1%
3	10.9932	13.9244	-21.1%	10.3636	11.7234	-11.6%
4	10.3278	13.2114	-21.8%	9.7140	11.0797	-12.3%
5	9.5911	12.3692	-22.5%	9.0224	10.3936	-13.2%
6	8.8093	11.3267	-22.2%	8.2225	9.5863	-14.2%
7	7.9017	10.0979	-21.7%	7.3132	8.6203	-15.2%
8	6.8446	8.7004	-21.3%	6.2942	7.4922	-16.0%
9	5.6472	7.1553	-21.1%	5.1660	6.2012	-16.7%
10	4.3219	5.4507	-20.7%	3.9290	4.7491	-17.3%
11	2.8618	3.5723	-19.9%	2.5843	3.1394	-17.7%
12	1.2675	1.5632	-18.9%	1.1332	1.3788	-17.8%

注:表中 I 为考虑结构-地基动力相互作用时结构的层间剪力;II 为不考虑结构-地基动力相互作用时结构的层间剪力;III 为考虑与不考虑相互作用时层间剪力的相对误差,即为(I-II)/II×100%。

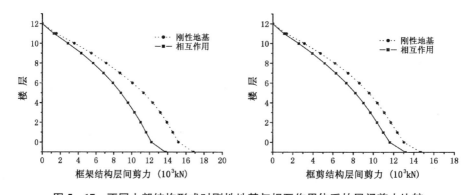

图 5-17 不同上部结构形式时刚性地基与相互作用体系的层间剪力比较

（4）倾覆力矩对比

表 5-18 给出了不同上部结构形式时结构沿振动方向的倾覆力矩比较，图 5-18 进一步给出了图形，从表 5-18 和图 5-18 中可看出，考虑相互作用后，上部结构的倾覆力矩较不考虑相互作用时有所减小，且框架结构的倾覆力矩及其变化幅度大于框剪结构的倾覆力矩。原因同"加速度反应对比"。

表 5-18　不同上部结构形式时结构沿振动方向的倾覆力矩比较

结构形式\楼层	框 架 结 构			框 剪 结 构		
	I (10^3 kN·m)	II (10^3 kN·m)	III	I (10^3 kN·m)	II (10^3 kN·m)	III
地下室	426.22	536.26	−20.5%	400.31	459.09	−12.8%
1	343.66	435.26	−21.0%	321.29	370.82	−13.4%
2	288.65	366.97	−21.3%	269.02	312.20	−13.8%
3	246.84	314.54	−21.5%	229.47	267.71	−14.3%
4	207.26	264.41	−21.6%	192.16	225.51	−14.8%
5	170.08	216.85	−21.6%	157.19	185.62	−15.3%
6	135.55	172.32	−21.3%	124.71	148.2013	−15.8%
7	103.84	131.54	−21.1%	95.11	113.6912	−16.3%
8	75.39	95.19	−20.8%	68.78	82.66	−16.8%
9	50.75	63.87	−20.5%	46.13	55.69	−17.1%
10	30.42	38.11	−20.2%	27.53	33.36	−17.5%
11	14.87	18.49	−19.6%	13.38	16.27	−17.7%
12	4.56	5.63	−18.9%	4.08	4.96	−17.8%

注：表中 I 为考虑结构-地基动力相互作用时结构的倾覆力矩；II 为不考虑结构-地基动力相互作用时结构的倾覆力矩；III 为考虑与不考虑相互作用时倾覆力矩的相对误差，即为（I−II）/II×100%。

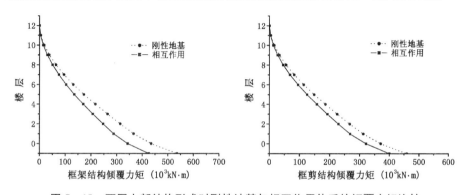

图 5-18　不同上部结构形式时刚性地基与相互作用体系的倾覆力矩比较

5.4.4 不同地震激励的影响

为了研究不同地震激励对相互作用体系动力反应的影响,对加速度峰值均为 0.1 g 的 El Centro 波激励和上海人工波(Shw2)激励下结构-地基动力相互作用体系的动力反应进行了计算和比较。

1. 不同地震激励时结构顶层位移组成分析

按第 2.9 节中图 2-20 和式(2-1)对本节相互作用体系的结构顶层位移反应组成进行分析,如表 5-19 所示。表中,u 为结构顶层总位移,$H\theta$ 为基础转动引起的摆动位移,u_g 为基础平动引起的平动位移,u_e 为上部框架结构的弹性变形。

表 5-19　不同地震激励时结构顶层位移组成分析(单位: m)

地震波	总位移 u	摆动分量 $H\theta$		平动分量 u_g		弹性变形分量 u_e	
		位移	与总位移 u 的比值	位移	与总位移 u 的比值	位移	与总位移 u 的比值
El Centro	0.2937	0.0970	33.0%	0.0580	19.8%	0.1921	65.4%
Shw2	0.7895	0.2576	32.6%	0.1257	15.9%	0.4956	62.8%

图 5-19 给出了不同地震激励时结构顶层位移组成相应的时程图,从表 5-19 和图 5-19 可得出如下结论:

(1) 两种地震激励下,在楼层总位移 u 的组成中,弹性变形分量 u_e 所占的比重均最大,摆动分量 $H\theta$ 次之,平动位移 u_g 最小。且在两种地震激励下各位移分量占总位移的比重相当。

(2) 上海波激励下,顶层总位移及其各组成分量,明显大于 El Centro 波激励下相应值。

2. 不同地震激励时结构的动力反应

图 5-20、图 5-21、图 5-22 和图 5-23 分别为 El Centro 波激励和上海人工波(Shw2)激励时考虑结构-地基动力相互作用情况下结构的加速度反应峰值、位移反应峰值、最大层间剪力和最大倾覆力矩的比较。从图中看出,上海人工波激励下考虑结构-地基动力相互作用后结构的加速度反应峰值、位移反应峰值、最大层间剪力及最大倾覆力矩都比 El Centro 波激励下的反应大。这主要是由于上海人工波的低频成分十分丰富,而土体以及结构-地基相互作用体系的频率都比较低,使得上海人工波激励下上部结构的反应明显大于 El Centro 波激励

下的反应,这与本书第 3、4 章得到的规律一致,也与文献[143-145]所得出的结论是一致的。

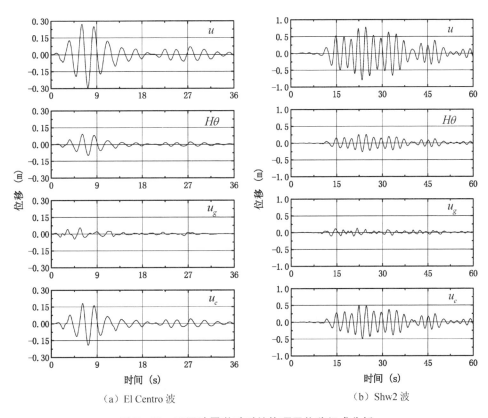

（a）El Centro 波　　　　　　　　　（b）Shw2 波

图 5-19　不同地震激励时结构顶层位移组成分析

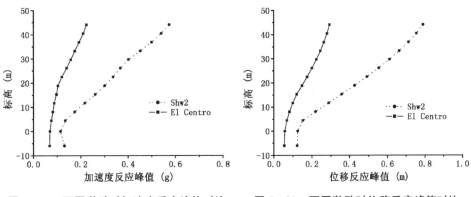

图 5-20　不同激励时加速度反应峰值对比　图 5-21　不同激励时位移反应峰值对比

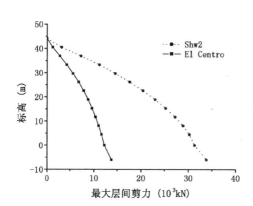

图 5-22　不同激励时最大层间剪力对比

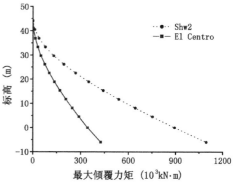

图 5-23　不同激励时最大倾覆力矩对比

5.4.5　土性不同的影响

在前面介绍的上海地区实际土层的基础上,假设土层的动剪切模量为 G,将土体的动剪切模量分别乘以 0.1、0.5、1、2、5、10 倍(下文分别记为 $0.1G$、$0.5G$、$1G$、$2G$、$5G$ 和 $10G$),进行了考虑结构-地基动力相互作用的三维有限元计算分析,探讨了土性的不同对相互作用效果的影响。

1. 不同土性时体系的自振频率

不同土性下结构-地基相互作用体系的前 10 阶自振频率如表 5-20 所示。从表中可看出,随着土体动剪切模量的增大,相互作用体系的自振频率不断增大,而且高阶频率的增大幅度明显大于低阶频率的增长。结构-地基相互作用体系的频率低于刚性地基上结构的自振频率,也就是考虑动力相互作用后,结构的自振频率降低,自振周期延长。这与以前众多学者的研究成果一致[7, 8, 71, 84, 146]。

2. 不同土性时结构的加速度及位移反应

按第 2.9 节中图 2-20 和式(2-1)对本节相互作用体系的结构顶层位移反应组成进行分析,如表 5-21 所示。表中,u 为结构顶层总位移,$H\theta$ 为基础转动引起的摆动位移,u_g 为基础平动引起的平动位移,u_e 为上部框架结构的弹性变形。

表 5‑20　不同土性时相互作用体系的自振频率比较

土性 阶次	A：0.1G		B：0.5G		C：1G	
	频率（Hz）	相对于 F 的误差	频率（Hz）	相对于 F 的误差	频率（Hz）	相对于 F 的误差
1	0.1448	−70.6%	0.3161	−35.9%	0.3962	−19.7%
2	0.1905	−87.6%	0.3556	−76.9%	0.4710	−69.5%
3	0.2173	−92.2%	0.4791	−82.7%	0.6756	−75.6%
4	0.2328	−94.4%	0.5194	−87.4%	0.7341	−82.2%
5	0.2894	−94.9%	0.6462	−88.5%	0.9133	−83.8%
6	0.3071	−95.3%	0.6858	−89.5%	0.9694	−85.2%
7	0.3365	−95.2%	0.7519	−89.4%	1.0623	−85.0%
8	0.3508	−95.1%	0.7842	−89.1%	1.1090	−84.7%
9	0.3596	−95.2%	0.8036	−89.3%	1.1362	−84.9%
10	0.3733	−95.2%	0.8345	−89.2%	1.1799	−84.8%

土性 阶次	D：5G		E：10G		F：刚性地基
	频率（Hz）	相对于 F 的误差	频率（Hz）	相对于 F 的误差	频率（Hz）
1	0.4767	−3.4%	0.4893	−0.8%	0.4933
2	1.0376	−32.74%	1.4606	−5.3%	1.5420
3	1.4989	−46.0%	1.5736	−43.3%	2.7736
4	1.5702	−61.9%	2.1304	−48.3%	4.1209
5	1.6424	−70.9%	2.3189	−58.9%	5.6411
6	2.0444	−68.8%	2.8034	−57.2%	6.5466
7	2.1658	−69.4%	2.8984	−59.1%	7.0837
8	2.3767	−67.1%	3.0625	−57.6%	7.2251
9	2.4795	−67.1%	3.3591	−55.4%	7.5367
10	2.5390	−67.3%	3.5059	−54.8%	7.7621

图 5-24 和图 5-25 分别给出了不同土性时结构的加速度反应峰值和位移反应峰值。从图 5-24 可看出，相对于土体底部输入的地震波加速度峰值 0.1 g 而言，土性 0.1G、0.5G 和 1G 情况下基底的加速度峰值均小于 0.1 g，软土表现出明显的隔震作用；土性 2G、5G 和 10G 情况下，基底加速度峰值大于 0.1 g，土体对地震动起放大作用；且结构加速度反应随土的动剪切模量的增加，整体上呈增大的趋势。

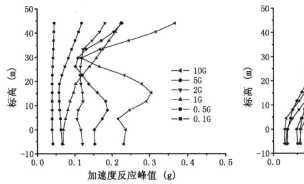 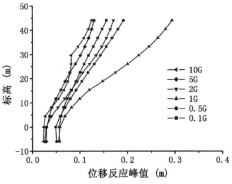

图 5-24　不同土性时结构加速度反应峰值　　图 5-25　不同土性时结构位移反应峰值

表 5-21　不同土性时结构顶层位移组成分析(单位：m)

土 性	总位移 u	摆动分量 $H\theta$		平动分量 u_g		弹性变形分量 u_e	
		位 移	与总位移 u 的比值	位 移	与总位移 u 的比值	位 移	与总位移 u 的比值
0.1G	0.15635	0.10494	67.1%	0.05625	36.0%	0.01814	11.6%
0.5G	0.19204	0.10232	53.3%	0.04879	25.4%	0.09605	50.0%
1G	0.2937	0.0970	33.0%	0.0580	19.8%	0.1921	65.4%
2G	0.17096	0.03486	20.4%	0.02863	16.7%	0.13808	80.8%
5G	0.13054	0.01178	9.0%	0.02973	22.8%	0.12597	96.5%
10G	0.12513	0.00517	4.1%	0.02371	18.9%	0.13267	52.8%

从图 5-25 和表 5-21 可看出，土性为 0.1G、0.5G 和 1G 时，随着土体剪切模量增加，结构的位移反应峰值增大，这主要是因为这三种情况下摆动分量和平动分量基本相当，而弹性变形分量随土体硬度增加而增加所致。土性 2G、5G 和 10G 情况下，由于土体刚度较大，相对于土性 1G 而言，摆动分量和平动分量较小，致使土性 2G、5G 和 10G 情况下的位移反应较土性 1G 情况下小。在土性

2G、5G 和 10G 情况下,随土体剪切模量增加,结构的位移反应峰值减小,这是因为这三种情况下的平动分量和弹性变形分量相当,而摆动分量随土体刚度增加而减小所致。

通过对不同土性时相互作用体系的自振频率进行分析发现,土性 0.1G 和 0.5G 时,在振动方向上一阶振型的参与最为显著;而随着土体动剪切模量的增加、土体变硬,在振动方向上二阶振型占据主导地位,且结构的弹性变形所占比重逐渐增大,因此随着土体动剪切模量的增大,结构的加速度和位移反应峰值分布曲线形状变得较为复杂。

3. 不同土性时结构的层间剪力及倾覆力矩反应

图 5-26 和图 5-27 分别给出了不同土性时结构的最大层间剪力和最大倾覆力矩分布。可看出,土性 0.1G、0.5G 和 1G 情况下,结构最大层间剪力及最大倾覆力矩随土体动剪切模量的增大而增大;土性 2G、5G 和 10G 情况下,结构最大层间剪力及最大倾覆力矩也随土体动剪切模量的增大而增大。但 2G 和 5G 时的最大层间剪力及最大倾覆力矩均小于 1G 时的相应值,这主要因为结构的最大层间剪力和倾覆力矩与结构的加速度反应相关,因而变得较为复杂,并不是随着土体动剪切模量的增大一直增大。

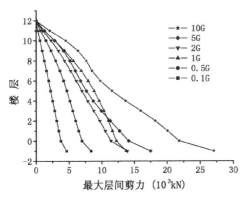

图 5-26　不同土性时结构最大层间剪力

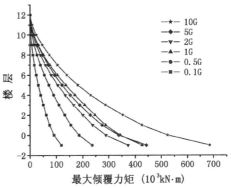

图 5-27　不同土性时结构最大倾覆力矩

4. 不同土性时土体的加速度反应

在土体的水平中心处、沿深度方向取 20 个点,当土体底部输入加速度峰值 0.1g 的地震波、土性不同时分别输出它们的加速度时程计算结果。由计算得出 20 个点的加速度峰值,绘出不同土性时不同高度处土体的加速度峰值与各点标高的关系曲线如图 5-28 所示。由图中可以看出,土性 0.1G 和 0.5G 时,软土起隔震效果,土体的加速度峰值均小于 0.1 g;土性 1G 时,靠近底部的土体动剪切模量较大,对输入的地震动起放大作用,加速度峰值大于 0.1 g,而上部土体较软起隔震作用,加速度峰值小于 0.1 g;土性 2G、5G 和 10G 时,土体较硬对地震动起放大作用,土表加速度峰值均大于 0.1 g。软土对地震动起隔震作用,较硬土体对地震动的放大作用与许多学者的研究成果一致[9, 136]。

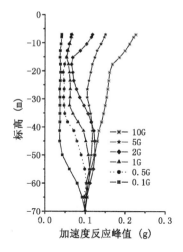

图 5-28 不同土性时土体的加速度峰值

5.4.6 基础埋深的影响

本章第 5.2 节"工程概况"中所述建筑物有一层地下室,为了研究建筑物埋深对结构-地基动力相互作用体系动力反应的影响,将地下室的埋深分别变为 3.5 m、8 m 和 12.8 m,而建筑物顶部标高仍为 44.1 m,进行了结构-地基动力相互作用体系动力分析并与原来地下室埋深为 6 m 的情况进行了比较分析。

1. 不同基础埋深时体系的自振频率

表 5-22 给出了不同基础埋深时相互作用体系的前 10 阶自振频率比较,从表中可看出,随着建筑物埋深的增大,相互作用体系的自振频率也相应增大。这与日本原子力工学试验中心在福岛第一原子力发电所进行的系列大比例模型试验所得出的结论一致[7, 146-147]。

表 5-22 不同基础埋深时相互作用体系的自振频率比较

埋深 阶次	A:埋深 3.5 m		B:埋深 6 m		C:埋深 8 m		D:埋深 12.8 m
	频率 (Hz)	相对于 D 的误差	频率 (Hz)	相对于 D 的误差	频率 (Hz)	相对于 D 的误差	频率 (Hz)
1	0.3830	−8.4%	0.3962	−5.2%	0.4050	−3.1%	0.4179
2	0.4687	−0.9%	0.4710	−0.4%	0.4731	0%	0.4731
3	0.6745	2.1%	0.6756	2.2%	0.6764	2.4%	0.6608
4	0.7332	1.7%	0.7341	1.8%	0.7348	1.9%	0.7212
5	0.9113	2.0%	0.9133	2.3%	0.9146	2.4%	0.8930

埋深\阶次	A：埋深 3.5 m		B：埋深 6 m		C：埋深 8 m		D：埋深 12.8 m
	频率（Hz）	相对于 D 的误差	频率（Hz）	相对于 D 的误差	频率（Hz）	相对于 D 的误差	频率（Hz）
6	0.9691	1.7%	0.9694	1.8%	0.9695	1.8%	0.9526
7	1.0586	−0.4%	1.0623	−0.1%	1.0650	0.2%	1.0628
8	1.1083	1.0%	1.1090	1.01%	1.1094	1.1%	1.0975
9	1.1359	0.7%	1.1362	0.8%	1.1367	0.8%	1.1277
10	1.1797	0.8%	1.1799	0.9%	1.1801	0.9%	1.1699

2. 不同基础埋深时加速度及位移反应

按第 2.9 节中图 2-20 和式(2-1)对本节相互作用体系的结构顶层位移反应组成进行分析,如表 5-23 所示。表中,u 为结构顶层总位移,$H\theta$ 为基础转动引起的摆动位移,u_g 为基础平动引起的平动位移,u_e 为上部框架结构的弹性变形。

表 5-23　不同基础埋深时结构顶层位移组成分析　（单位：m）

埋　深	总位移 u	摆动分量 $H\theta$		平动分量 u_g		弹性变形分量 u_e	
		位　移	与总位移 u 的比值	位　移	与总位移 u 的比值	位　移	与总位移 u 的比值
埋深 3.5 m	0.2853	0.1132	39.7%	0.0572	20.1%	0.1746	61.2%
埋深 6 m	0.2937	0.0970	33.0%	0.0580	19.8%	0.1921	65.4%
埋深 8 m	0.2975	0.0850	28.6%	0.0585	19.7%	0.2034	68.3%
埋深 12.8 m	0.4007	0.0824	20.6%	0.0729	18.2%	0.3022	75.4%

图 5-29 和图 5-30 给出了不同基础埋深时结构加速度和位移反应峰值,从图中可看出,随着基础埋深的增加,上部结构的加速度和位移反应都相应的增加。

这一结论与以往的研究成果不一致,如文献[7, 146-147]中日本原子力工学试验中心在福岛第一原子力发电所进行的系列大比例模型试验所得出的结论是：随着埋深增加,相互作用体系的振动幅度减小。仔细分析这两个不同的结论,其实

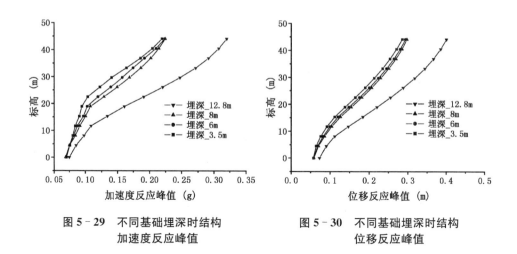

图 5-29　不同基础埋深时结构　　　　图 5-30　不同基础埋深时结构
　　　　　加速度反应峰值　　　　　　　　　　　位移反应峰值

并不矛盾。表 5-23 给出了不同基础埋深时结构顶层位移组成分析,可以看出,随着埋深的增加,摆动分量 $H\theta$ 减小,平动分量 u_g 基本不变,弹性变形分量 u_e 增大。(弹性变形分量 u_e 增大可能是因为基础埋深增加后,可更有效地将地震动传递到上部结构。)而弹性变形分量 u_e 所占的比重最大,且它随基础埋深增加而增大程度要大于摆动分量 $H\theta$ 减小的程度,因而总的位移反应是随基础埋深的增加而增大的。在上面的分析中,在日本福岛的试验中,上部结构刚度很大,因而在上部结构的位移组成中结构的摆动分量占最大的比重,随着埋深的增加,摆动分量 $H\theta$ 也是减小,平动分量 u_g 和弹性变形分量 u_e 基本不变,因而总的位移反应是随基础埋深的增加而减小的。

3. 不同基础埋深时层间剪力及倾覆力矩反应

图 5-31 和图 5-32 分别给出了不同基础埋深时结构最大层间剪力和最大倾覆力矩分布。从图中看出,随着基础埋深的增加,结构的最大层间剪力和最大倾覆力矩都相应的增加。原因是层间剪力和倾覆力矩与结构的加速度反应有关,而加速度反应随着埋深的增加是增大的。

基础的埋置深度对结构-地基动力相互作用体系动力特性及动力反应的影响与基础的形式有着较为密切的关系,文献[148]针对基础形式为桩基的情况进行了计算,得出"基础的埋置深度对相互作用体系的动力特性及动力反应基本没有影响"的结论,主要是因为桩的长度为 39 m,已进入较硬的土层,此时地下室埋深的增加对整个体系的反应影响不大。而本书采用箱基计算,基础埋深对整个体系的动力特性及动力反应有较大的影响。

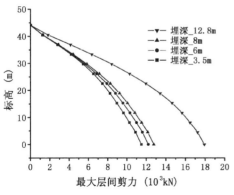

图 5 - 31　不同基础埋深时结构
最大层间剪力

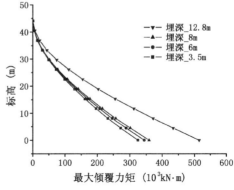

图 5 - 32　不同基础埋深时结构
最大倾覆力矩

5.4.7　基础形式的影响

为了研究基础形式对相互作用规律的影响,在上部结构保持不变的情况下,采用了桩筏式基础形式进行计算,筏板厚 0.8 m,桩截面尺寸为 450 mm×450 mm,桩长 39 m,进入持力层 0.7 m,桩筏基础平面布置如图 5 - 33 所示,并进行了桩筏基础和箱基计算结果的比较分析。

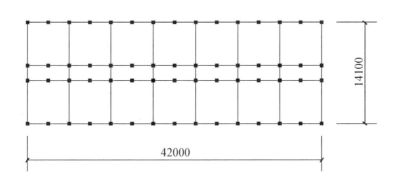

图 5 - 33　桩筏基础平面布置

1. 不同基础形式时体系的自振频率

表 5 - 24 给出了两种基础形式时相互作用体系的前 10 阶自振频率比较。从表中看出,基础形式为桩基时,相互作用体系的频率比箱基时前 2 阶频率有所增大。这一点与文献[143]给出的结论是一致的。

表5-24 不同基础形式时相互作用体系的自振频率比较

基础形式 阶次	A：桩基		B：箱基
	频率(Hz)	相对于B的误差	频率(Hz)
1	0.4234	6.9%	0.3962
2	0.4711	0%	0.4710
3	0.6577	−2.6%	0.6756
4	0.7189	−2.1%	0.7341
5	0.8879	−2.8%	0.9133
6	0.9521	−1.8%	0.9694
7	1.0513	−1.0%	1.0623
8	1.0952	−1.2%	1.1090
9	1.1253	−0.9%	1.1362
10	1.1680	−1.0%	1.1799

2. 不同基础形式时结构的顶层位移组成分析

按第2.9节中图2-20和式(2-1)对本节相互作用体系的结构顶层位移反应组成进行分析,如表5-25所示。表中,u为结构顶层总位移,$H\theta$为基础转动引起的摆动位移,u_g为基础平动引起的平动位移,u_e为上部框架结构的弹性变形。

表5-25 不同基础形式时结构顶层位移组成分析 （单位：m）

基础 形式	总位移 u	摆动分量 $H\theta$		平动分量 u_g		弹性变形分量 u_e	
		位移	与总位移 u的比值	位移	与总位移 u的比值	位移	与总位移 u的比值
箱基	0.2937	0.0970	33.0%	0.0580	19.8%	0.1921	65.4%
桩基	0.2796	0.0312	11.2%	0.0638	22.8%	0.2268	81.1%

从表5-25可看出,基础形式为桩基时结构顶层总位移要小于箱基时的总位移,桩基时的摆动分量比箱基时的摆动分量小,主要是因为桩基支撑于较硬的土体上,转动刚度较大造成。桩基时的上部结构弹性变形分量大于箱基时的情形,主要是因为桩基可有效地将地震动传递到上部结构。

3. 不同基础形式时结构动力反应

图5-34、图5-35、图5-36和图5-37分别给出了不同基础形式时结构的

加速度反应峰值、位移反应峰值、最大层间剪力和最大倾覆力矩分布图。从图 5-34 可以看出,桩基时结构的加速度反应在下面各层均大于箱基时的相应值,而桩基时顶层的加速度反应则小于箱基的相应值。从图 5-35 可以看出,桩基时结构的位移反应在下面几层均大于箱基时的相应值,而桩基时上面几层的位移反应则小于箱基的相应值。从图 5-36 和图 5-37 可以看出,桩基时结构的最大层间剪力和最大倾覆力矩均大于箱基时的相应值。造成上述现象的原因,可能是因为土体起隔震作用,而桩基深入至较硬土层,因而相比箱基可更有效地将地震动传递到结构上。

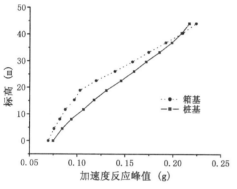

图 5-34 不同基础形式时结构
加速度反应峰值

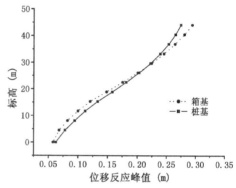

图 5-35 不同基础形式时
结构位移反应峰值

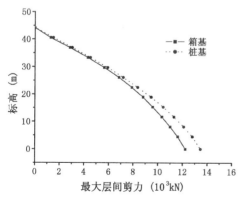

图 5-36 不同基础形式时
结构最大层间剪力

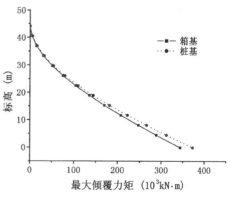

图 5-37 不同基础形式时结构
最大倾覆力矩

5.5 本 章 小 结

本章在前面几章对土-箱基-结构动力相互作用体系振动台试验进行计算分析的基础上,针对实际工程进行了土-箱基-结构动力相互作用问题的研究。在 ANSYS 程序中实现了黏-弹性人工边界的施加,并讨论了土体边界取值、上部结构刚度、上部结构形式、地震波激励类型、土性、基础埋深以及基础形式等参数对相互作用体系动力特性、动力反应以及相互作用效果的影响,得到如下结论:

(1) 土体纵向边界取 5 倍结构纵向尺寸,土体横向边界取 10 倍结构横向尺寸,并在横向边界处施加粘-弹性人工边界,可较好地模拟无限域土体。

(2) 随上部结构刚度增加,相互作用体系的自振频率变化不大,上部结构的摆动分量增加而弹性变形分量减小,上部结构的位移反应和加速度反应基本上呈增加的趋势。

(3) 框剪结构相互作用体系的频率要比框架结构的高,框剪结构的加速度反应、位移反应、最大层间剪力、最大倾覆力矩均比框架结构的反应要小,框剪结构时的摆动分量占总位移的比值和平动分量占总位移的比值,比框架结构相应的比值要大,而弹性变形分量与总位移的比值,则比框架结构相应的比值要小。

(4) 上海人工波激励下体系的动力反应明显大于 El Centro 波激励下的反应。

(5) 随着土体动剪切模量的增大,相互作用体系的自振频率不断增大;上部结构的加速度反应、位移反应、最大层间剪力和倾覆力矩变化规律较为复杂,并不是随着土体动剪切模量的增大一直增大;当土较软时对地震动起隔震作用,当土较硬时对地震动起放大作用。

(6) 随着基础埋深的增加,相互作用体系的自振频率增加,结构的加速度反应、位移反应、最大层间剪力和最大倾覆力矩都相应增加。

(7) 桩基时体系的自振频率比箱基时的自振频率大;桩基时结构顶层总位移小于箱基时的总位移,上部结构的摆动分量比箱基时的小,上部结构弹性变形分量大于箱基时的情形;桩基时结构的加速度反应在下面各层均大于箱基时的相应值,而顶层的加速度反应则小于箱基的相应值;桩基时结构的位移反应在下面几层均大于箱基时的相应值,而上面几层的位移反应则小于箱基的相应值;桩基时结构的最大层间剪力和最大倾覆力矩均大于箱基时的相应值。

（8）考虑相互作用后,体系的频率比刚性地基时降低,上部结构的位移反应增加,而加速度反应、最大层间剪力、最大倾覆力矩均比刚性地基时减小。

第 **6** 章

考虑地基土液化影响的桩基高层建筑体系地震反应分析

6.1 概　　述

按是否考虑孔隙水压力的影响,动力相互作用体系的分析方法可分为总应力动力分析法和有效应力动力分析法。在总应力动力分析法中,土介质的应力应变关系和强度参数都是根据总应力确定,其动剪切模量 G 和阻尼比 D 只取决于震前的静力有效应力,不考虑动力荷载作用过程中孔隙水压力变化对土性质的影响。有效应力动力分析法与一般总应力动力分析法的不同之处就是该法在分析中考虑了振动孔隙水压力变化过程对土体动力特性的影响。

与总应力法相比,有效应力动力分析法不但提高了计算精度,更加合理地考虑了动力作用过程中土动力性质的变化,而且还可以预测动力作用过程中孔隙水压力的变化过程、土体液化及震陷的可能性和土层软化对地基自振周期及地面振动反应的影响等。但是由于目前对动力荷载作用时孔隙水压力的产生、扩散和消散机理及其预测方法还尚未达到可以完全信赖的程度,有效应力分析中所需计算参数的确定还不十分合理,其计算工作量又相当大,因此将有效应力法更加广泛地应用于实践工作中,还需对其作进一步的探索和完善。

有效应力分析法按是否考虑孔压的消散与扩散作用,可分为不排水有效应力法和排水有效应力法。不排水有效应力分析法假定计算区域是一个封闭系统,在动力荷载作用过程中孔隙水不向外排出,并在分析过程中不考虑孔压的消散与扩散作用,只考虑孔压不断增长、有效应力逐渐降低对土的剪切模量和阻尼比的影响,近来也开始考虑其对土的抗剪强度的影响。

在排水条件下,饱和土体在动力荷载作用过程中,由于孔隙水的渗流,不仅土体中所含的孔隙水量要发生变化,而且土中的孔隙水应力还要发生消散和扩散,因此在用有效应力法进行动力分析时,仅考虑孔隙水压力的增大是不够的,还应考虑孔隙水应力的消散与扩散。考虑孔压消散与扩散作用的残余孔隙水压力的计算方法,目前主要是基于两种理论,一种是太沙基理论。但由于太沙基理论假定在固结过程中法向总应力不随时间变化。因此仅对一维情况下是精确的,对二维和三维问题无法精确反映孔隙水应力的扩散与消散;另一种是 Biot 固结理论,该理论从较严格的固结机理出发,能够精确反映三维情况下孔隙水应力变化和土骨架变形的关系。因此用排水有效应力法进行动力分析时,常采用 Biot 固结理论求解残余孔隙水应力[149]。

本书在下面考虑液化的分析中采用了不排水有效应力动力分析法,且针对其中的分时段等效线性化方法作了一些改进,采用了能随时反映土非线性变化的逐步叠代非线性法,并利用 ANSYS 程序的参数化设计语言将改进后的方法并入 ANSYS 程序,进行了桩基-高层建筑体系的地震反应分析,探讨了地基土液化对相互作用体系地震反应的影响。

下面先针对液化分析中每一个时间段内要用到的逐步叠代非线性法做一简要的介绍。

6.2　逐步叠代非线性分析方法

目前常用的相互作用体系地震反应分析方法是总应力法,它对土的动力非线性性能常常采用等效线性化方法。该方法是将土的非线性滞回性能用等效剪切模量 G 和等效黏性阻尼比 D 表示,进行线性反应分析,借助于多次叠代计算,使 G 和 D 与等效应变 γ_e 相匹配,由此获得近似的非线性反应。由于它是在整个地震动作用过程中假定土的剪切模量和阻尼比不变,亦即假定体系的动力特性不变,因而,当地震动的基本周期与场地的基本周期接近时会产生"虚(拟)共振效应",使计算得到的地层反应产生较大误差。但"虚共振效应"受哪些因素的影响,影响的程度如何,仍有待探讨[150]。

为了避免"虚(拟)共振效应"的发生,本文在后面的分析中没有采用常规的等效线性化方法,而是采用逐步叠代非线性方法,即在已知土的动剪切模量和阻尼比随动剪应变变化曲线($G \sim \gamma$ 和 $D \sim \gamma$ 曲线)基础上,在每一个荷载步之后求出这一荷载步相应的动剪应变 γ,然后在曲线上查找出下一步计算时采用的动剪切模量 G

和阻尼比 D 的值,直至加荷结束。采用这种方法使土的动剪切模量和阻尼比在整个地震动过程中是随荷载随时变化的,可有效地避免"虚(拟)共振效应"。

本书利用 ANSYS 程序的参数化设计语言,将逐步叠代非线性方法并入 ANSYS 程序中。为了验证该方法的正确性,针对前面已采用等效线性化方法进行计算的"分层土-箱基-结构的振动台试验",采用该方法重新进行了计算,并把两种算法的结果进行了比较,表 6-1 给出了两种计算方法的各点位移峰值比较,图 6-1 给出了两种计算方法的各点位移时程比较。其中,A1 点位于结构底层,A7 点位于结构顶层,S8 点位于距容器中心 0.9 m 的土体表面,S6 位于距容器中心 0.9 m 的土体中,见图 2-10。从表 6-1 和图 6-1 可以看出,两种算法所得结果比较接近,可见,逐步叠代非线性方法可以合理地模拟土的材料非线性。

表 6-1　两种计算方法的位移峰值比较

计算方法 点	等效线性化法	逐步叠代非线性法	
	位移峰值(m)	位移峰值(m)	两种方法的相对误差
A1	0.00151	0.00153	1.3%
A7	0.00475	0.00515	7.8%
S6	8.2933E-4	9.04674E-4	8.3%
S8	0.00201	0.0021	4.3%

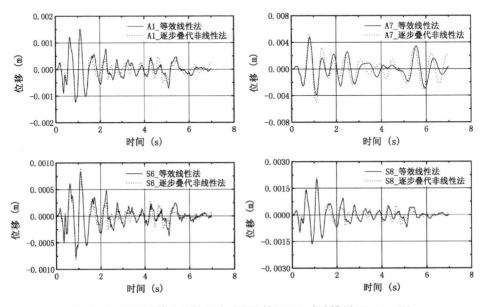

图 6-1　两种计算方法的位移时程比较(BS10 试验模型,EL1 工况)

逐步叠代非线性方法的优点主要有以下三点：① 可以随时跟踪土的动剪切模量和阻尼比的变化,避免产生"虚(拟)共振效应"。② 可以避免等效线性化方法中的反复叠代过程,因而可以节约计算时间。③ 易于程序实现,本书已利用 ANSYS 程序的参数化设计语言,将逐步叠代非线性方法并入 ANSYS 程序。

本书在后面考虑液化的有效应力动力分析中将用到逐步叠代非线性分析方法。

6.3　有关的计算模型

6.3.1　桩基地震反应计算的简化假定

桩基础是三维空间结构,选用三维有限元模型进行计算最为精确。但是,三维有限元的自由度数目很大,如果再考虑非线性问题,则计算量就非常巨大。因此,现在大多数计算都对桩基模型进行一定程度的简化。

与竖向荷载作用下的轴对称简化不同,桩基在水平荷载作用下,要作为平面应变问题来分析。这种桩基承受水平力的平面应变简化模型,最早是由 Desai 在分析 Columbia 船闸时提出的[151]。

图 6-2 是桩基计算模型的简图。该等效模型的基本出发点是用降低了弹性模量的板桩来代替在长度方向每隔一定距离布置的桩,并使桩基的竖向总刚度相等。

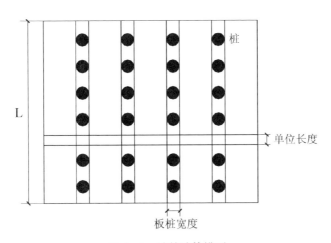

图 6-2　桩基计算模型

例如,图 6-2 中的桩基竖向总刚度 S,可以表示为:

$$S = \sum_{i=1}^{n} \frac{A_i E_i}{L_i} \qquad (6-1)$$

其中,n 是总桩数,A 是桩的横截面面积,E 是桩的弹性模量,L 是桩的长度。

等效计算模型的竖向总刚度 S_e 为:

$$S_e = \sum_{i=1}^{m} \frac{A_{ie} E_{ie}}{L_{ie}} \qquad (6-2)$$

其中,m 是等效板桩数,A_e 是板桩的等效横截面面积,E_e 是板桩的等效弹性模量,L_e 是板桩的等效长度。

再根据竖向总刚度等效,就可确定平面应变计算模型的各个参数。

6.3.2　土的静力本构模型

土体静力本构模型采用 Drucker-Prager(德鲁克-普拉格)模型模拟,见图 6-3。这种模型假定材料为没有强化阶段的理想弹塑性材料,并且它的屈服面是不会随进一步屈服而改变的,屈服应力表示为:

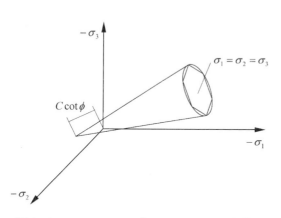

图 6-3　Drucker-Prager 与 Mohr-Coulomb 屈服面

$$\sigma_e = 3\beta\sigma_m + \left[\frac{1}{2}\{s\}^T[M]\{s\}\right]^{\frac{1}{2}} \qquad (6-3)$$

其中 $\sigma_m = \frac{1}{3}[\sigma_x + \sigma_y + \sigma_z]$ 为平均应力;

$$\{s\} = \{\sigma\} - \sigma_m[1\ 1\ 1\ 0\ 0\ 0]^T \qquad (6-4)$$

$$\beta = \frac{2\sin\phi}{\sqrt{3}(3 - \sin\phi)} \qquad (6-5)$$

ϕ 为材料摩擦角。

因此材料的屈服参数可以定义为:

$$\sigma_y = \frac{6c\cos\phi}{\sqrt{3}(3 - \sin\phi)} \qquad (6-6)$$

c 为材料内聚力参数。

屈服准则为：

$$F = 3\beta\sigma_m + \left[\frac{1}{2}\{s\}^T[M]\{s\}\right]^{\frac{1}{2}} - \sigma_y = 0 \tag{6-7}$$

$$\left\{\frac{\partial F}{\partial \sigma}\right\} = \beta[1\quad 1\quad 1\quad 0\quad 0\quad 0]^T + \frac{1}{\left[\frac{1}{2}\{s\}^T[M]\{s\}\right]^{\frac{1}{2}}}\{s\} \tag{6-8}$$

$$\text{其中，} [M] = \begin{bmatrix} 1 & 0 & 0 & 0 & 0 & 0 \\ 0 & 1 & 0 & 0 & 0 & 0 \\ 0 & 0 & 1 & 0 & 0 & 0 \\ 0 & 0 & 0 & 2 & 0 & 0 \\ 0 & 0 & 0 & 0 & 2 & 0 \\ 0 & 0 & 0 & 0 & 0 & 2 \end{bmatrix}$$

6.3.3　土的动力本构模型

1. 初始应力-应变骨架曲线

土的动力本构模型采用了 Davidenkov 模型的土骨架曲线，具体可参见第 5.3.1 节。$G/G_{max} \sim \gamma$ 关系如下所示：

$$\frac{G}{G_{max}} = 1 - H(\gamma) \tag{6-9}$$

其中，

$$H(\gamma) = \left[\frac{(|\gamma|/\gamma_r)^{2B}}{1 + (|\gamma|/\gamma_r)^{2B}}\right]^A \tag{6-10}$$

对于土的滞回曲线 $D/D_{max} \sim \gamma$，根据有关试验结果可用如下经验公式表示：

$$\frac{D}{D_{max}} = \left(1 - \frac{G}{G_{max}}\right)^\beta \tag{6-11}$$

其中，D_{max} 为最大阻尼比，β 为 $D \sim \gamma$ 曲线的形状系数，对于大多数土 β 的取值在 $0.2 \sim 1.2$ 之间，对于上海软土可取 1.0。

2. 后续应力-应变骨架曲线

如图 6-4 所示，在循环荷载的作用下，饱和土的后续应力应变曲线相对于初始曲线产生了剪切模量和抗剪强度的衰退。这种衰退可以认为是由于振动孔

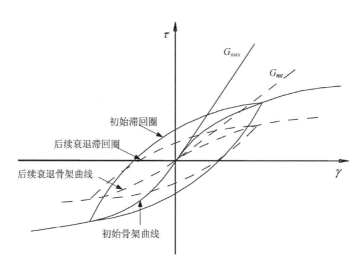

图 6 - 4 循环荷载作用下饱和土的应力应变关系

隙水压力上升导致有效应力的下降引起的,衰退特性可根据振动孔隙水压力大小对 G_{max} 和 τ_{max} 加以折减。设衰退后的最大剪切模量、抗剪强度分别为 G_{mt} 和 τ_{mt},则可表示为:

$$G_{mt} = G_{max}(1 - u^*)^{\frac{1}{2}} \tag{6-12}$$

$$\tau_{mt} = \tau_{max}(1 - u^*) \tag{6-13}$$

式中, u^* 为孔压比。近年,有人认为上式低估了抗剪强度的退化,建议对孔压比 u^* 增加一个指数项 v,即:

$$\tau_{mt} = \tau_{max}(1 - (u^*)^v) \tag{6-14}$$

根据 California 五种砂的试验, $v=3.5 \sim 5.0$。

定义 $\gamma_{rt} = \tau_{mt}/G_{mt}$,则有

$$\gamma_{rt} = \gamma_r \frac{1 - (u^*)^v}{(1 - u^*)^{\frac{1}{2}}} \tag{6-15}$$

称 γ_{rt} 为动态参考剪应变。那么,后续骨架曲线可表示为:

$$\frac{G}{G_{mt}} = 1 - H(\gamma_{rt}) \tag{6-16}$$

其中,
$$H(\gamma_{rt}) = \left[\frac{(|\gamma|/\gamma_{rt})^{2B}}{1 + (|\gamma|/\gamma_{rt})^{2B}} \right]^A \tag{6-17}$$

对于土的滞回曲线,可以用如下公式表示:

$$\frac{D}{D_{\max}} = \left(1 - \frac{G}{G_{mt}}\right)^{\beta} \qquad (6-18)$$

其中,$D_{\max}$ 为最大阻尼比。

6.3.4　振动孔隙水压力增长模型

振动孔隙水压力的增长模型是土动力研究中的重要课题,也是土体有效应力动力分析的基础。自从汪闻韶 1962 年提出第一个模型以来,国内外学者提出了很多振动孔隙水压力的增长模型。按其与孔压相联系的主要特征,大致可分为应力模型、应变模型、能量模型、内时模型、有效应力路径模型和瞬时模型[149]。试验结果表明,振动孔隙水压力的模型应该可以考虑以下三个基本因素:

(1) 土的性质。孔隙水压力的增长模型是一个很复杂的课题,还缺少适宜各类不同土性的普遍理论解答。因此,根据所研究课题,通过室内试验确定孔隙水压力的增长模型仍然是一种最有效的方法。

(2) 振前应力状态。主要用初始平均有效应力 σ'_{m0} 和静应力水平 s_l 表示。σ'_{m0} 是通过土的密度来影响振动孔隙水压力发展的,σ'_{m0} 愈大,土愈密,孔隙水压力发展愈慢。s_l 表示振前土体已经承受的剪切程度,s_l 较大的土由于振前已经发生较大的剪切变形,孔隙水压力的增长较慢,最终累计值也较小。

(3) 动荷载的特点。动荷载是孔隙水压力产生的外因,显然,动应力的幅值愈大,循环的次数愈多,积累的孔隙水压力也愈高。而频率的影响不大,一般可忽略。

1. 上海地区黏性土的孔隙水压力增长模型

根据现有资料,上海地区黏性土的振动孔隙水压力 u^* 的增长模型可以采用以下经验公式:

$$u^* = u/\sigma'_0 = aN^b \qquad (6-19)$$

$$\Delta u^* = abN^{b-1}\sigma'_0\Delta N \qquad (6-20)$$

式中:σ'_0 为初始平均有效应力;N 是累计振动次数;a,b 是试验参数,可参考表 6-2 取值[73]。

表 6 - 2　上海地区黏性土的 a、b 试验参数

土　类	a	b
淤泥质黏土	$0.274r^{0.767}$	$0.375r^{0.431}$
粉质黏土	$0.273r^{0.711}$	$0.348r^{0.394}$
硬黏土	$0.213r^{0.842}$	$0.265r^{0.538}$

表中,r 为循环压力比,即动剪应力 τ_d 与初始平均有效应力 σ_0' 的比值。

在地震反应计算中,每一时段的等效振动次数 ΔN 可按下述方法近似确定。首先根据 Martin 等 1979 年的研究,从表 6 - 3 中查出不同震级地震的持续时间 T_d 和等效振动次数 N_{eq}。然后计算时间间隔 $\Delta T_i = t_i - t_{i-1}$ 内的地震波能量与整个持续时间 T_d 内的地震波能量之比:

$$SA(\Delta T_i) = \int_{t_{i-1}}^{t_i} a^2(t)dt \bigg/ \int_0^{T_d} a^2(t)\,\mathrm{d}t \qquad (6-21)$$

再按下式计算 ΔN:

$$\Delta N = N_{eq} \cdot SA(\Delta T_i) \qquad (6-22)$$

式(6 - 22)的物理意义是以时段 ΔT_i 内地震波能量的相对大小为权系数,将总的等效振动次数 N_{eq} 按权系数的大小分配到各时段内。

表 6 - 3　N_{eq} 与 T_d 的经验取值

地震震级	N_{eq}（次）	T_d（s）
5.5~6	5	8
6.5	8	14
7	12	20
7.5	20	40
8	30	60

2. 上海地区砂性土的孔隙水压力增长模型

上海地区砂性土的振动孔隙水压力比 u^* 的增长模型可以采用以下公式[73]

$$u^* = u/\sigma_0' = (1 - m\alpha_s)2/\pi \arcsin(N/N_f)^{1/2\theta} \qquad (6-23)$$

$$\Delta u^* = \frac{\Delta u}{\sigma_0'} = \frac{(1 - m\alpha_s)\Delta N}{\pi \theta N \sqrt{1 - (N/N_f)^{1/\theta}}} \left(\frac{N}{N_f}\right)^{1/2\theta} \tag{6-24}$$

式中：Δu——在 ΔT 时间内由于地震振动而产生的孔隙水应力；

　　　σ_0'——初始平均有效应力；

　　　m——试验参数，一般取 $1.0 \sim 1.2$；

　　　α_s——静应力水平，即 τ_s/σ_0'，按式(6-26)求解；

　　　ΔN——每一时段的等效振动次数，按式(6-22)求解；

　　　N——累计振动次数，$N = \sum \Delta N$；

　　　θ——常数，Seed 认为对于大多数土可取 0.7；

　　　N_f——无初始水平剪应力情况下达到破坏所需要的振动次数，也

　　　即达到液化($u^* = 1$)所需的振动次数，按式(6-25)求解。

现有研究表明，液化振动次数 N_f 与动剪应力比 τ_d/σ_0' 存在下述平均关系[150, 152]：

$$a N_f^{-b} = \tau_d/\sigma' \tag{6-25}$$

式中，τ_d 为破坏面上的循环剪应力幅值，a 和 b 为试验常数。

在平面应变状态下，假定最大往返剪切作用面为破坏面，那么破坏面上的初始静剪力比 α_s 和动剪应力比 α_d 分别为[153-154]：

$$\alpha_s = 2 \mid \tau_{xy} \mid / \sqrt{(\sigma_x' + \sigma_y' + 2\sigma_c)^2 - 4\tau_{xy}^2} \tag{6-26}$$

$$\alpha_d = \frac{\tau_d}{\sigma'} = \frac{2 \mid \tau_{xy, d} \mid}{\sqrt{(\sigma_x' + \sigma_y' + 2\sigma_c)^2 - 4\tau_{xy}^2} + \mid \sigma_x' - \sigma_y' \mid} \tag{6-27}$$

式中，σ_x'、σ_y' 和 τ_{xy} 分别为土单元的静有效正应力和水平面上的静剪应力；$\sigma_c = c' \cdot ctg\varphi'$，$c'$ 和 φ' 分别为土的有效粘聚力和内摩擦角，对于纯净砂土，$c' = 0$；$\tau_{xy, d}$ 为水平面上地震剪应力的等效循环幅值。对于水平场地，$\tau_{xy} = 0$，因此，$\alpha_s = 0$；$\alpha_d = \mid \tau_{xy, d} \mid /(\sigma_y' + \sigma_c)$，这里已假定 $\sigma_y' > \sigma_x'$；若场地土为纯净砂土，$\sigma_c = 0$，则 $\alpha_d = \mid \tau_{xy, d} \mid /\sigma_y'$，即 α_d 为水平面上的地震剪应力和竖向有效应力之比。

上海地区的 N_f 也可参考下式确定[155]：

$$R_f = \left(\frac{q_{cyc}}{p_c}\right)_f = m N_f^n \tag{6-28}$$

式中,R_f是动强度;q_{cyc},p_c分别是动三轴试验的循环应力和平均正应力。土的动强度采用破坏应变标准。在等压固结条件下,N_f取双幅应变达到5%的振动周数。在偏压固结条件下,N_f取总应变幅达到5%的振动周数。m,n是试验参数,对于砂性土分别等于0.71和−0.059,对于黏性土分别等于0.533和−0.058。

6.4 分时段逐步叠代非线性有效应力动力分析法的基本步骤

在任一应力-应变循环中,等效剪切模量定义为式(6-12)、式(6-15)。当初始时刻$t=0$时,$G_{mt}=G_{max}$,$\gamma_t=\gamma_r$,此时即为第1周的等效剪切模量。

为了在土体地震反应计算中实现上述"振动孔隙水压力的发展引起剪切模量和剪切强度衰退"的概念,本书采用"分时段逐步叠代非线性"方法,这是一个近似方法,它将整个地震动作用时间分成若干相等的时段(t_i,t_{i+1}),$i=1,2,\cdots$,$\Delta T=t_{i+1}-t_i$。在时段i中,进行逐步叠代非线性分析,在逐步叠代非线性分析中所采用的土的最大剪切模量和最大阻尼比由式(6-12)、式(6-15)、式(6-18)求出。由于在计算G_{mt}时应考虑振动孔隙水压力的影响,因此,在每一时段末,尚应计算该时段的振动孔隙水压力增量Δu_i和该时段末的累积振动孔隙水压力$u=\sum_{j=1}^{i}\Delta u_j$。

时段ΔT的大小对计算结果有影响,合理的ΔT值估计与场地条件和输入地震动的特性有关,需试算确定。一般而言,分割时间段ΔT的大小应保证在每个时段内,对于计算振动孔隙水压力值而言,ΔT是足够的大,大体上有一个以上的完整反应循环。

逐步叠代分时段等效线性有效应力法的具体算法如下:

(1) 静力计算,求出每一单元的有效静应力σ_x'、σ_y'和τ_{xy}。

(2) 对每一单元,确定初始剪切模量G_{max}和初始阻尼比D_{max},在第一个时段内,利用前述的动力本构模型进行逐步叠代非线性计算。

(3) 用式(6-21)和式(6-22)求该时段的ΔN及累计值N。

(4) 对每一个单元,用式(6-24)计算该时段的Δu^*及累计值u^*。

(5) 对每一单元,用式(6-12)~式(6-18)分别计算考虑孔隙水压力影响后的G_{mt}和D_{mt},作为下一时段开始计算的初始值。

（6）利用 ANSYS 程序的重启动（restart）功能，在不退出程序的前提下，将土的动剪切模量和阻尼比修改为步骤（5）算出的值，进行下一时段的求解，这样就保证了每一时段计算结果的衔接性。对每一时段重复步骤（2）～（5），直至地震动结束为止。

6.5　考虑液化的结构-地基动力相互作用体系地震反应分析

6.5.1　土体的地震反应分析

为了验证 ANSYS 程序中所实现的有效应力分析法的可靠性，以地基的水平剪切振动为例进行了验证计算。设有一厚度为 10 m 的均质、饱和砂土水平场地，计算单元的划分如图 6-5，砂土密度 $\rho = 1900$ kg/m³。假定基岩作 10 s 的水平简谐振动，频率为 2 Hz，加速度为 0.1 g，加速度时程曲线如图 6-6 所示。

土的静力本构关系采用 Drucker-Prager 模型，粘聚力 $c=0$，摩擦角 $\phi=30°$，泊松比 $v=0.30$。土的动力本构模型采用 Davidenkov 模型，其中最大动剪切模量取为：

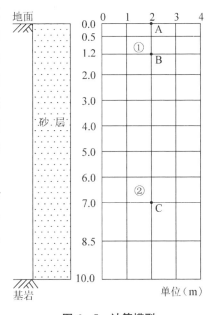

图 6-5　计算模型

$$G_{max} = 6920k_{2max}(\sigma_m)^{\frac{1}{2}}（单位：Pa）$$

$$(6-29)$$

式中，$k_{2max} = 40$。

算例中的边界条件取为：底部固定，顶面自由，左、右面固定竖向位移。计算时每一时段取为 1 秒。

图 6-7 是节点 B（1.2 m 深度处）和节点 C（7.0 m 深度处）的振动孔隙水压力变化过程线，图 6-8 是节点 A（土表）、节点 B 和节点 C 的加速度时程曲线，图 6-9 是单元①的动剪应力时程曲线。计算结果表明，振动 4 秒以后土体上部的单元发生液化，地震动传不到地面，节点 A、节点 B 的加速度和单元①的

动剪应力突然减小,而未液化土层节点 C 的加速度变化很小。表层砂土由于初始有效应力低,因此首先液化,失去传播土中加速度的能力,随着振动继续进行,液化面将由地表向下方土层深部移动。这些计算结果与已有的宏观震害经验是相符合的[156-159],与其他研究者的计算结果也是一致的[150, 160-162]。

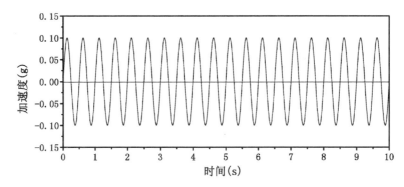

图 6‐6　基岩输入加速度

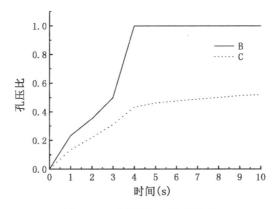

图 6‐7　孔压比与时间的关系

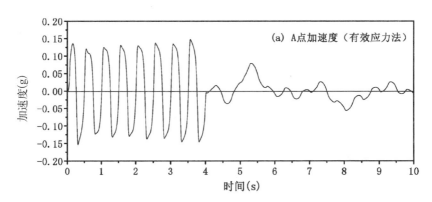

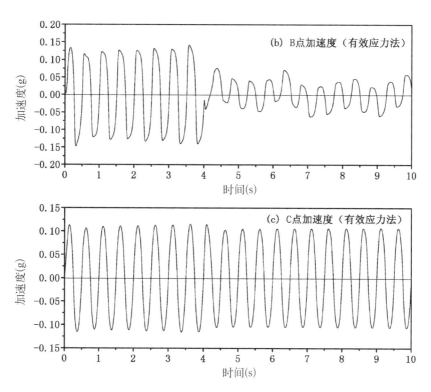

图 6‐8　有效应力法计算的加速度反应时程

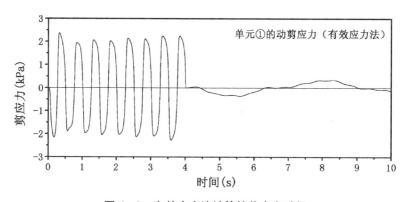

图 6‐9　有效应力法计算的剪应力时程

　　为了与总应力法比较,本书还用总应力法计算了此例,图 6‐10 是总应力法计算的节点 A、节点 B 和节点 C 的加速度时程曲线,图 6‐11 是总应力法计算的单元①的动剪应力时程曲线。从图中可以看出,当采用总应力法时,任何节点和单元的反应都很快达到稳定的状态,成为频率为 2 Hz 的稳态简谐反应。对比有效应力法和总应力法的计算结果,可以看出振动初期,用总应力法和有效应力法算得的加速度动剪应力的波形相差不大,随着振动的继续,用有效应力法确定的加速度和动剪应力随振动孔隙水压力的增加而减小,而总应力法的结果仍相当大,无法反应液化的影响。总应力法没有考虑振动孔隙水压力对土动力特性的影响,无法描述液化、软化等土动力特性;而有效应力法抓住了孔隙水压力这一影响土动力特性的关键因素,相比要更为合理。

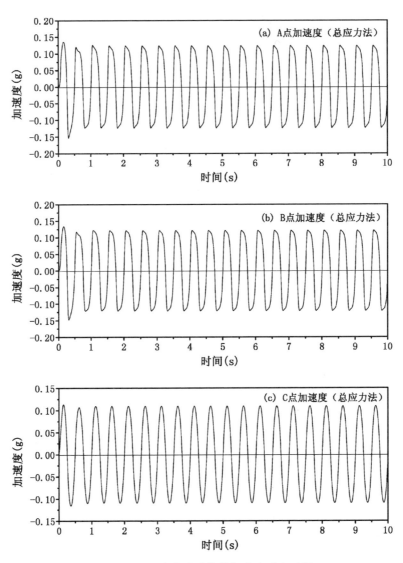

图 6-10　总应力法计算的加速度反应时程

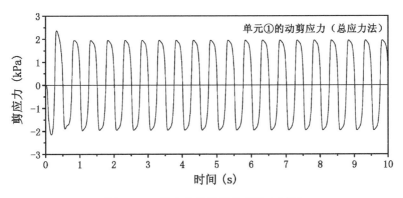

图 6 - 11　总应力法计算的剪应力时程

6.5.2　砂土-桩基-高层建筑体系的地震反应分析

该计算实例为一幢框架体系高层结构,地上 16 层,标准层层高 2.8 m,底层层高 4 m,地下一层,层高 2 m,标准层平面布置图如图 6 - 12。建筑物重量荷载标准值(包括活载),标准层为 13 kN/m²,顶层为 10 kN/m²,底层为 15 kN/m²,地下室为 18 kN/m²。其基础为桩筏基础,筏基厚 1 m,桩截面尺寸为 450 mm× 45 mm,桩长 43 m,桩的布置为每柱下设一桩基。地基为 70 m 厚的均质饱和砂层,其下为基岩。根据第 6.3.1 节有关建筑桩基地震反应计算的简化假定,该结构可以简化为平面问题。桩-土-框架系统的计算简图如图 6 - 13。计算采用的砂土静、动应力应变关系、阻尼公式、有关的计算参数与第 6.5.1 节的算例相同。计算中土体和桩用二维平面应变单元模拟,柱、梁用二维梁单元模拟。地基两侧计算侧边界为简单的截断边界,各取在离结构 60 m 远处,为结构宽度的 10 倍。计算采用的输入地震波为 El Centro 波,如图 6 - 14 所示,加速度峰值调整为 0.3 g。计算的网格划分如图 6 - 15 所示。计算时每一时段取为 1 s。

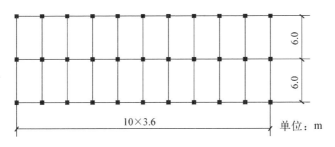

图 6 - 12　结构平面布置图

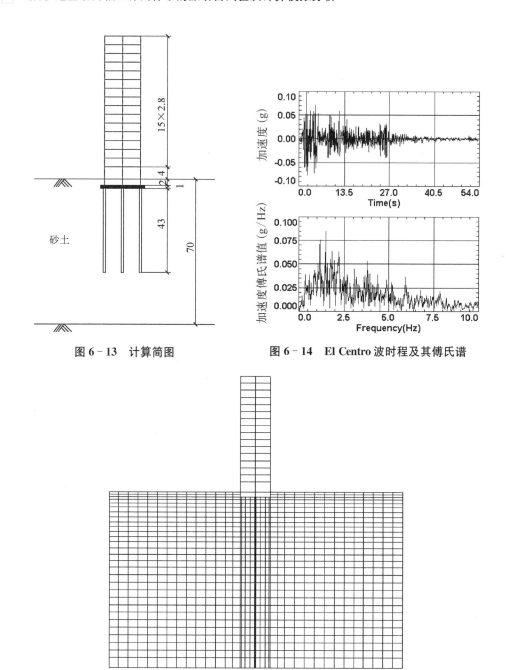

图 6-13　计算简图　　　　　　图 6-14　El Centro 波时程及其傅氏谱

图 6-15　网格划分图

图 6-16 给出了土的孔压比增长曲线。从图中可以看出,距土表 4.5 m 深的土约在 3 s 开始液化,距土表 14～22.5 m 的土约在 4 s 开始液化,而距土表

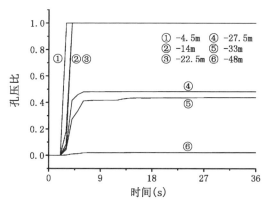

图 6-16　土中各点孔压比增长曲线

30～70 m 的土在整个振动过程中都没有液化,尤其在桩端的振动孔隙水压比很小,小于 0.10。

图 6-17 给出了有效应力法和总应力法计算的加速度时程比较,图 6-18

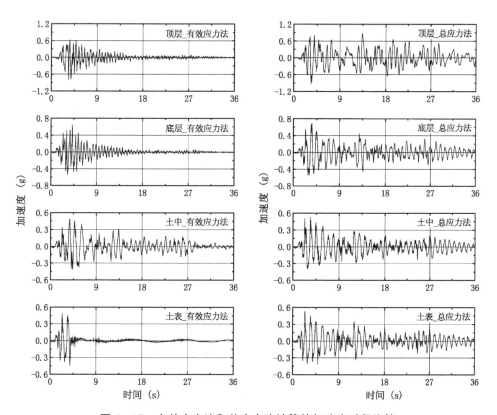

图 6-17　有效应力法和总应力法计算的加速度时程比较

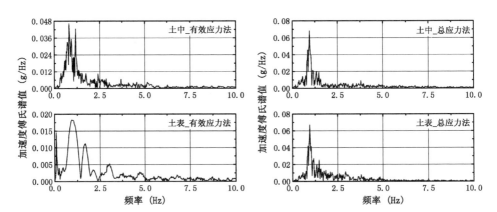

图 6‑18　有效应力法和总应力法计算的土中各点加速度傅氏谱值比较

给出了土体中各点有效应力法和总应力法计算的加速度傅氏谱值比较,图中"土中"为距地表 25 m 处两排桩之间的点,"土表"为距结构 30 m 远处的土表点。由图示可见,地基土的液化和软化具有明显的低频放大和高频滤波作用,对 5 Hz 以上成分的波动,几乎全部被过滤。对于总应力法,土中和土表加速度反应的频谱成分主要集中在 0.5~2.5 s,这也正是输入的 El Centro 波能量最大的频段。对于有效应力法,由于考虑了振动孔隙水压力的影响,使得计算体系更具柔性,高频滤波效应更加显著,傅氏谱曲线向低频一侧移动,与总应力法相比,有效应力法求得的土表、土中的加速度反应峰值要小 10%,有效应力法求得的底层加速度反应峰值要小 10%,而顶层加速度反应峰值要小 17%。因浅层土在 3 s 以后液化,不能再传递地震波,其后的地表加速度反应很小。上部结构的加速度反应在大部分地基土液化以后也逐渐减小。图中距地表 25 m 的"土中"点,因为此处的土一直没有液化,因而此处的加速度反应一直较大。

6.5.3　上海地区典型建筑的地震反应分析

在上海土的典型土层中存在着可液化的土层,如砂土层、砂质粉土层等,为了研究地震作用下这些土层的液化、软化对上部结构地震响应的影响,本书计算了上海地区典型桩基-高层建筑相互作用体系的地震反应分析。结构的平面布置如图 6‑12,计算简图如图 6‑13,网格划分如图 6‑15,输入地震波如图 6‑14,且将加速度峰值调至 0.6 g。土层的分布及其计算参数见表 6‑4。计算中采用的本构模型及计算参数的取值见第 6.3 节所述。

表 6-4　土层物理力学参数（静力）

序号	土层名称	埋深 (m)	厚度 (m)	弹性模量(MPa)	密度 (kg/m³)	泊松比	内聚力 (kPa)	内摩擦角
②	褐黄色黏性土	0	3	4	1900	0.45	10	23.8
③	灰色淤泥质粉质黏土	3	7	3.5	1750	0.45	15.6	14
④	灰色淤泥质黏土	10	10	2.5	1750	0.45	13.4	12
⑤	灰色黏性土	20	5	5	1820	0.45	10	23.8
⑥	暗绿色黏性土	25	5	8	2000	0.45	26	22.3
⑦	粉细砂	30	15	15	1920	0.40	0	34
⑧	粉质黏土夹粉砂	45	30	7	1900	0.40	10	25

图 6-19 给出了土中不同深度处的孔压比增长曲线，可看出，粉细砂层在 6 秒以后发生液化，其他土层的孔隙水压比很小，在 0.02～0.06 之间，这符合常识中砂土可液化，而黏土不会液化，只会出现软化的现象。在砂土液化后，将粉细砂的动剪切模量取为一较小值，以研究粉细砂层液化对上部结构地震反应的影响。图 6-20 给出了分别采用有效应力法和总应力法算得的加速度时程比较。可见，两种计算方法上部结构的加速度反应基本一致，说明粉细砂层的液化对上部结构的加速度反应基本没有影响。原因在于，桩嵌固于坚固的土层，且桩周围的大部分土层未发生液化现象，所以局部的液化并没有对整个结构的地震反应产生明显的影响。

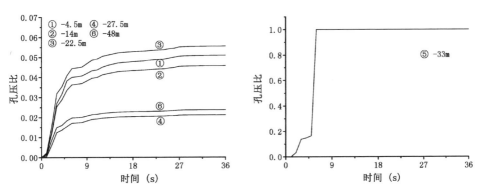

图 6-19　土中不同深度处的孔压比增长曲线

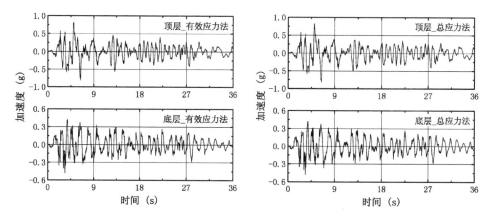

图 6-20　有效应力法和总应力法计算的加速度时程比较

6.6　本章小结

本章简要介绍了可考虑地基土液化的分时段等效线性有效应力动力分析方法,且将其中的等效线性化方法改进为逐步叠代非线性方法,并利用 ANSYS 程序的参数化设计语言将这一分析方法并入 ANSYS 程序中,最后分析了考虑液化的桩基-高层建筑体系的地震反应。得出如下几点结论:

(1) 本书在 ANSYS 程序中实现的有效应力分析方法能反应地基土的液化对上部结构地震反应的影响,与常规的总应力法相比,本书方法的计算结果更加合理。

(2) 对于砂土-桩基-高层建筑体系来说,在强地震下,地基土液化深度较大,且开始液化的时间较短。因此,地基土的液化和软化效应很明显,用总应力法和有效应力法求得的桩承建筑物的地震反应有较大的差别。

(3) 对于上海土-桩基-高层建筑体系来说,在强地震下,土层中的砂土层发生了液化,但由于桩基支撑于较坚硬的土层,且大部分桩周土未液化,因而砂土层的液化未对上部结构的地震反应产生明显的影响。

第7章

结　语

　　随着计算机和数值计算技术的飞速发展,关于结构-地基动力相互作用对结构地震反应影响的理论与计算分析研究得到了迅速发展,但由于问题的复杂性,不同的计算方法由于其计算模型和参数选取等的不同而使计算结果存在很大差异。近年来,日本、美国等国家开始进行现场振动试验和振动台试验,但由于各种条件的限制,试验研究远不及计算分析那样广泛、深入,而计算分析与试验的对照研究则更少,使得许多理论研究结果得不到试验验证,难以直接指导工程设计。对结构-地基动力相互作用问题进行试验研究,可以为理论分析提供必要的参数,而且可以获得丰富的试验数据,为开展计算分析研究、验证其力学模型和计算方法的合理性奠定基础。对计算分析和试验研究进行对照研究,一方面可以验证计算模型的合理性,同时也能验证试验方案的可行性及试验结果的可靠性,具有非常重要的意义。因此,开展动力相互作用的试验研究以及计算与试验的对照研究就成为非常重要和迫切的课题。

　　本研究进行了均匀土-箱基-单柱结构和分层土-箱基-高层框架结构动力相互作用体系的振动台模型试验,并对主要试验结果和规律进行了归纳。利用通用有限元程序 ANSYS,针对振动台模型试验进行三维有限元分析,摸索了一套用 ANSYS 程序进行动力相互作用研究的计算分析方法,从试验和计算分析相结合的角度探讨考虑结构-地基动力相互作用时结构地震反应的有关规律。以此为基础,针对实际工程开展结构-地基动力相互作用的研究,在 ANSYS 程序中实现了土体粘-弹性边界的施加,并讨论了土体边界取值、上部结构刚度、上部结构形式、地震波激励类型、土性、基础埋深以及基础形式等参数对相互作用体系动力特性、动力反应以及相互作用效果的影响。简要介绍了前人提出的分时段等效线性有效应力动力分析方法,且将其中的等效线性化方法改进为逐步叠代非线性方法,利用 ANSYS 程序的参数化设计语言将其并入 ANSYS 程序中,并分析了桩基-高层建筑体系的地震反应。

本书主要开展了如下工作：

1. 结构-地基动力相互作用体系的振动台试验

在同济大学土木工程防灾国家重点实验室进行了结构-地基动力相互作用体系振动台模型试验。试验分为两个阶段：均匀土-箱基-单柱结构以及分层土-箱基-高层框架结构动力相互作用体系振动台模型试验。介绍了试验进行的主要情况，包括试验装置、试验模型的设计、材料性能指标、测点布置和量测、试验的加载制度、主要试验现象以及主要试验结果和规律等。试验中采用柔性容器来模拟土体边界条件，强调土、基础、上部结构应遵循相同的动力相似关系。试验中得到的主要结论如下：

（1）软土地基对地震动不一定是放大作用，也可能起滤波隔震作用。

（2）基础处的地震动与自由场地震动不完全相同，基础处的有效地震动输入比自由场地震动小，与体系频率接近的分量获得加强。

（3）均匀土上动力相互作用体系的加速度峰值反应的规律为：整个体系的加速度峰值反应在高度上呈"K"形分布；分层土上动力相互作用体系的加速度峰值反应的规律为：对砂土层，一般起放大作用；对中间砂质粉土层，一般起减振隔震作用。

（4）由基础转动引起的摆动分量是结构顶部加速度反应的主要组成分量，平动分量和结构变形分量相对较小。

（5）在上海人工波激励下，体系的动力反应明显大于 El Centro 波和 Kobe 波输入下的反应。

（6）竖向地震激励对水平地震激励下的结构-地基相互作用体系动力反应的规律没有明显影响。

（7）在相同自由场地震动输入下，考虑动力相互作用后，结构加速度、层间剪力、倾覆力矩通常比刚性地基上的情况小；而位移则比刚性地基上的情况大。

2. 振动台试验的计算分析及其与试验的对照研究

采用通用有限元程序 ANSYS，针对振动台试验在 ANSYS 程序中建立了计算模型，在建模过程中合理模拟了柔性容器、采用了合理的网格划分、采用材料阻尼考虑了结构与地基阻尼的不同、利用 ANSYS 程序的参数化设计语言将土的等效线性化模型及其计算过程并入 ANSYS 程序中、利用 ANSYS 程序的面-面接触单元实现土与结构（基础）界面上的状态非线性的模拟、将重力作为一种动力荷载并入动力计算来考虑重力对相互作用体系的影响、通过放松自由度的方法解决了不同类型的单元之间自由度不协调的问题。通过对振动台试验进行三维有限元分析,并与试验结果进行对照研究,得到的计算结果与试验结果吻合较好,表明所采用的计算模型和计算方法是合理和可行的,为进行结构-地基动力相互作用体系计算分析研究奠定了基础。

由计算分析得到的与试验相一致的规律如下:

(1) 软土地基对地震动起滤波和隔震作用。

(2) 对于均匀土-箱基-单柱结构动力相互作用体系,整个体系的加速度峰值反应在高度上呈"K"形分布,且各点的加速度峰值放大系数均小于1。对于分层土-箱基-高层框架结构动力相互作用体系,加速度峰值反应的规律为:对砂土层,一般起放大作用;对中间砂质粉土层,一般起减振隔震作用。对于上部框架结构,在小震时,各层加速度反应峰值不同;在大震时,由于土体的隔震作用,上部结构接受的振动能量较小,各层反应均较小。随着输入加速度峰值的增加,加速度峰值放大系数一般减小,其原因主要是土传递振动的能力减弱。

(3) 上部结构柱顶加速度反应主要由基础转动引起的摆动分量组成,平动分量次之,而弹性变形分量很小。可见在软土地基时,考虑基础转动和平动十分必要。

(4) 由于上部结构的振动反馈,改变了基底地震动的频谱组成,使基础处的地震动与自由场地震动不完全相同。计算表明,基础处的有效地震动输入比自由场地震动小。

(5) 在上海人工波激励下,体系反应明显大于 El Centro 波和 Kobe 波输入下的反应。

(6) 竖向地震动对相互作用体系在水平地震激励下的结构-地基相互作用体系动力反应的规律没有明显影响。

(7) 在相同的自由场地震动输入下,考虑动力相互作用后,结构加速度、层间剪力、倾覆力矩通常比刚性地基上的情况小;而位移则比刚性地基上的情况大。

通过对振动台试验进行了三维计算机分析,由计算分析得到,但试验中无法得出的规律如下:

(1) 对均匀土-箱基-单柱结构体系:箱基基础底面发生了土与基础接触面的滑移,但没有发生脱离现象;箱基基础侧面不仅发生了土与基础接触面的滑移,而且发生了土与接触面的脱离再闭合现象。对分层土-箱基-高层框架结构体系:箱基基础底面和侧面发生了土与基础接触面的脱离再闭合和滑移现象。

接触压力峰值在箱基基础底面中线呈两边大、中间小的分布,且中间部分的接触压力在较大范围内大小比较接近。

(2) 在计算中,不考虑土体的材料非线性将会导致较大的误差;不考虑接触面的状态非线性也会导致一定的误差,但比不考虑土体材料非线性所导致的误差小得多。

3. 结构-地基动力相互作用体系实例分析

针对实际工程进行了土-箱基-高层建筑动力相互作用问题的研究。在ANSYS程序中实现了粘-弹性人工边界的施加,并讨论了土体边界取值、上部结构刚度、上部结构形式、地震波激励类型、土性、基础埋深以及基础形式等参数对相互作用体系动力特性、动力反应以及相互作用效果的影响,得到如下结论:

(1) 土体沿纵向取 5 倍结构纵向尺寸,沿横向取 10 倍结构横向尺寸,并在横向边界处施加粘-弹性人工边界,可以较好地模拟无限域土体。

(2) 随上部结构刚度增加,相互作用体系的自振频率变化不大,上部结构的摆动分量增加而弹性变形分量减小,上部结构的位移反应和加速度反应基本上呈增加的趋势。

(3) 框剪结构相互作用体系的频率要比框架结构的高,框剪结构的加速度反应、位移反应、最大层间剪力、最大倾覆力矩均比框架结构的反应要小,框剪结构时的摆动分量占总位移的比值和平动分量占总位移的比值,比框架结构相应的比值要大,而弹性变形分量与总位移的比值,则比框架结构相应比值要小。

(4) 上海人工波激励下体系的动力反应明显大于 El Centro 波激励下的反应。

(5) 随着土体动剪切模量的增大,相互作用体系的自振频率不断增大;上部结构的加速度反应、位移反应、最大层间剪力和倾覆力矩变化规律较为复杂,并不是随着土体动剪切模量的增大一直增大;当土较软时对地震动起隔震作用,当土较硬时对地震动起放大作用。

(6) 随着基础埋深的增加,相互作用体系的自振频率增加,结构的加速度反应、位移反应、最大层间剪力和最大倾覆力矩都相应增加。

(7) 桩基时体系的自振频率比箱基时的自振频率大;桩基时结构顶层总位移小于箱基时的总位移,上部结构的摆动分量比箱基时的小,上部结构弹性变形分量大于箱基时的情形;桩基时结构的加速度反应在下面各层均大于箱基时的相应值,而顶层的加速度反应则小于箱基的相应值;桩基时结构的位移反应在下面几层均大于箱基时的相应值,而上面几层的位移反应则小于箱基的相应值;桩基时结构的最大层间剪力和最大倾覆力矩均大于箱基时的相应值。

（8）考虑相互作用后，体系的频率比刚性地基时降低，上部结构的位移反应增加，而加速度反应、最大层间剪力、最大倾覆力矩均比刚性地基时减小。

4. 结构-地基动力相互作用体系的有效应力分析

简要介绍了可考虑地基土液化的分时段等效线性有效应力动力分析方法，且将其中的等效线性化方法改进为逐步叠代非线性方法，并利用 ANSYS 程序的参数化设计语言将这一分析方法并入 ANSYS 程序中，最后分析了桩基-高层建筑体系的地震反应。得出如下几点结论：

（1）本书在 ANSYS 程序中实现的有效应力分析方法能反应地基土的液化对上部结构地震反应的影响，与常规的总应力法相比，本书方法的计算结果更加合理。

（2）对于砂土-桩基-高层建筑体系来说，在强地震下，地基土液化深度较大，且开始液化的时间较短。因此，地基土的液化和软化效应很明显，用总应力法和有效应力法求得的桩承建筑物的地震反应有较大的差别。

（3）对于上海土-桩基-高层建筑体系来说，在强地震下，土层中的砂土层发生了液化，但由于桩基支撑于较坚硬的土层，且大部分桩周土未液化，因而砂土层的液化未对上部结构的地震反应产生明显的影响。

结构-地基动力相互作用对体系地震反应既有不利影响，也有有利影响，在深入研究的基础上，有必要对刚性地基假定和现行结构抗震设计方法做出改进。本书摸索了一套用通用有限元程序 ANSYS 进行结构-地基动力相互作用研究的计算分析方法，有利于加强相互作用问题研究的普遍性，促进相互作用研究更迅速更深入地发展，使其最终从科学研究领域进入到工程实践领域里来。

参考文献

[1] Reissner E. Stationare axialsymmetrische durch eine schuttelnde massee rregte schwingungen eines homogenen elstischen halbraumes[J]. Ingenieur-Arch. 1936, 7(6): 381 - 396.

[2] Bycroft G N Forced vibrations of a rigid circular plate on a semi-infinite elastic space and on an elastic stratum[J]. Philo. Trans. Roy. Soc. Ser. A. 1956, 248: 327 - 368.

[3] Arnold R N, Bycroft G N, Warburton G B. Forced vibrations of body on an infinite elastic solid[J]. J. of Appl. Mech. , ASME. 1955, 77: 319 - 401.

[4] Luco J E, Westman R A. Dynamic response of circular footings[J]. J. of Eng. Mech. Div. , ASCE. 1971, 97: 1381 - 1395.

[5] Lysmer J, Richart F E Jr. Dynamic response of footings to vertical loading[J]. J. of Soil Mech. Div. , ASCE. 1966, 92(1): 65 - 91.

[6] Wolf J P. Approximate dynamic model of emdedded foundation in time domain[J]. Earthquake Engineering and Structure Dynamics. 1986, 14: 683 - 703.

[7] 林皋. 结构和地基动力相互作用[C]//第三届全国地震工程会议, 2004.

[8] 窦立军, 杨柏坡, 刘光和. 土-结构动力相互作用几个实际应用问题[J]. 世界地震工程, 1999, 15(4): 62 - 67.

[9] 李辉, 赖明, 白绍良. 土-结构动力相互作用研究综述(Ⅰ)[J]. 重庆建筑大学学报, 21(4), 1999: 112 - 116.

[10] Isenberg J, Adham S A. Interaction of soil and power plants in earthquakes[C]//Proc. 4th WCEE, Santiago, Chile, 1969.

[11] 张楚汉. 结构-地基动力相互作用问题. 曹志远主编: 结构与介质相互作用理论及其应用[J]. 南京: 河海大学出版社, 1993, 6: 243 - 266.

[12] Sung T Y. Vibration in semi-infinite solids due to periodic surface loading[J]. ASTM - STP, Symposium on Dynamic Testing of Soils, 1953, 156: 35 - 64.

[13] Richart F E, Whitman R V. Comparison of footing vibration tests with theory[J].

ASCE. 1967，93(6)：143 - 168.

[14] Seed H B, et al. Soil-structure interaction analysis for seismic response[J]. ASCE. 1975, 101(5)：439 - 457.

[15] Hadjian A H. Discussion of soil structure interaction analysis for seismic response by seed et al. [J], ASCE. 1976, 102(4)：380 - 384.

[16] Hall J R, et al. Discussion of soil structure interaction analysis for seismic response by seed et al. [J]. ASCE. 1976, 102(6)：650 - 652.

[17] Lysmer J, Kulemeyer R L. Finite dynamic model for infinite media[J]. J. Eng. Mech. Div. , ASCE. 1969, 95：759 - 877.

[18] White W, Valliappan S, Lee I K, Unified boundary for finite dynamic models[J]. J. Eng. Mech. Div. ASCE, 1977, 103：949 - 964.

[19] Smith W D, A nonreflecting plane boundary for wave propagation problems[J]. J. Computational Physics, 1974, 15：492 - 503.

[20] Cundall P A, Kunar R R, Carpenter P. C. et al. Soluton of infinite dynamic problems by infinite modeling in time domain[C]//Conf. Appl. Number Modeling, Madrid, Spain, 1978.

[21] Lysmer J, Wass G. Shear waves in plane infinite structures[J]. J. Eng. Mech. Div. , ASCE. 1972, 98：85 - 105.

[22] Engquist B, Majda A. Absorbing boundry conditions for the numerical simulation of waves[J]. Math Computation, 1977, 31：629 - 651.

[23] Clayton R, Engquist B. Absorbing boundary conditions for acoustic and elastic wave equations[J]. Bulletin of the Seismological Society of America. 1977, 67：1529 - 1540.

[24] 廖振鹏,杨柏坡,袁一凡.暂态弹性波分析中人工边界的研究[J].地震工程与工程振动. 1982,2(1)：1 - 11.

[25] Liao Z P, Wong H L. A transmitting boundary for the numerical simulation of elastic wave propagation[J]. Soil Dynamics and Earthquake Engineering, 1984, 3(3)：174 - 183.

[26] 廖振鹏著.工程波动理论导引[M].北京：科学出版社,1996.

[27] 廖振鹏,杨柏坡.频域透射边界[J].地震工程与工程振动. 1986,6(4)：1 - 9.

[28] 杨柏坡,廖振鹏.结构-土相互作用有限元解法及改造通用程序的初步结果[J].地震工程与工程振动. 1986,6(4)：10 - 20.

[29] 丁海平,廖振鹏,周正华.土-结构相互作用通用程序的改进[J].地震工程与工程振动. 1999,19(2)：51 - 55.

[30] Dominguez J. Dynamic stiffness of rectangular foundation[R]. Dept. of Civil Eng. , MIT, Cambridge, MA, 1978 Report No. R78 - 24.

[31] Dominguez J. Response of embedded foundation to traveling waves[R]. Dept. of Civil Eng., MIT, Cambridge, MA, 1978 Report No. R78-24.

[32] Karabalis D L, Beskos D E. Dynamic response of 3-D flexible foundation by time domain BEM and FEM[J]. Soil Dyn. Earthquake Eng. 1985, 4: 91-101.

[33] Spyrakos C C, Beskos D E. Dynamic response of flexible strip-foundations by boundary and finite elements[J]. Soil Dyn. Earthquake Eng., 1986, 5: 84-96.

[34] Lamb H. On the propagation of tremors at the surface of an elastic solid[J]. Phil. Trans. Roy. Soc., London, Series A, 203, 1-42.

[35] Franssens G R. Calculation of elastodynamic Green's function in layered media by means of a modified propagator matrix method[J]. Geo. J. Roy. Astronomical Soc., 1983, 75: 669-691.

[36] Luco J E, Apsel R J. On the Green's functions for a layered half-space Part Ⅰ[J]. Bull Seism Soc. Am, 1983, 74: 909-929.

[37] Apsel R J, Luco J E. On the Green's functions for a layered half-space Part Ⅱ[J]. Bull Seism Soc. Am, 1983, 73: 931-951.

[38] Bouchon M. A simple method to calculate Green's function for elastic layered media [J]. Bull Seism Soc. Am, 1981, 71: 959-971.

[39] Kausel E, Peek R, Dynamic load in the interior of a layered stratum: an explicit solution[J]. Bull Seism Soc. Am, 1982, 72: 1459-1481.

[40] Wolf J P, Dynamic soil-structure interaction[J]. New Jersey: Englewood Cliffs, Prentice-Hall, 1985.

[41] Wolf J P, Darbre G R. Dynamic-stiffness matrix of soil by the boundary element method: conceptual aspects[J]. Earthquake Eng. Struct. Dyn., 1984, 12: 385-400.

[42] Tassoulas J L. Dynamic soil-structure interaction[J]. New York: Boundary element methods in structural analysis. 1988, 273-308.

[43] Zeng S P, Cao Z Y, Leung A Y T. Fundamental solutions of axisymmetric elastodynamic problems for multi-layered half-space[C]//Proceedings of the sixth China-Japan symposium on boundary element methods. Shanghai: International Academic Publishers, 1995, 253-260.

[44] Bettess P, Zienkiewicz O C. Diffraction and reflection of surface waves using finite and infinite elements[J]. Int. J. Num. Meth. Eng., 1977, 11: 1271-1290.

[45] Chow, Y K, Smith I M. Static and periodic infinite solid elements[J]. Int. J. Num. Meth. Eng., 1981, 17: 503-526.

[46] Medina F, Taylor R T. Finite element techniques for problems of unbounded domains [J]. Int. J. Num. Meth. Eng. 1983, 19: 1209-1226.

［47］ Zhang C H，Zhao C B. Coupling method of finite and infinite elements for strip foundation wave problems[J]. Earthq. Eng. Struc. Dyn.，1987，15.

［48］ Cundall P A. The measurement and analysis of acceleration in rock slopes［D］. University of London，Imperial College Science & Technology，1971.

［49］ 王泳嘉. 离散单元法——一种适用于节理岩石力学分析的数值方法[C]//第一届岩石力学数值计算及模型试验讨论会文集,1986：32－37.

［50］ 魏群. 岩土工程中散体元的基本原理、数值方法及实验研究［D］. 北京：清华大学,1990.

［51］ 张楚汉,王光纶,鲁军.用离散单元法分析边坡的动力稳定[C]//第四届全国地震工程会议论文集,哈尔滨,1994.

［52］ 鲁军.离散单元法的数值模型研究及其工程应用[D].北京：清华大学,1996.

［53］ Lemos J V. A hybrid distinct element computational model for the half-plane［D］. USA：University of Minnesota，1983.

［54］ Dowding C H，Belytschko T B，Yen H J. A coupled finite element-rigid block method for transient analysis of rock caverns[J]. Int. J. Num. Analy. Meth. Geomech.，1983，7：117－127.

［55］ Alterman Z S，Karal F C. Propagation of elastic waves in layered media by finite difference methods[J]. Bull. Seism. Soc. Am，1968，58：367－398.

［56］ Boore D M. Finite difference methods for seismic wave propagation in heterogeneous materials，methods in computational physics[M]. New York，Academic Press，1972.

［57］ Aki K，Larner K L. Surface motion of a layered medium having an irregular interface due to incident plane SH-waver，J. Geophysics Res. 1970，75：933－954.

［58］ Joyner W B. A method for calculating nonlinear seismic response in two dimensions，Bull. Seis. Soc. Am,1975，65：1337－1357.

［59］ Dasgupta G A. A finite element formulation for unbounded homogeneous continua[J]. J. Appl. Mech，1982，49：136－140.

［60］ Wolf J P，Song C M. Dynamic-stiffness matrix of unbounded soil by finite-element cloning［C]//Proc 10th World Conf. Earthquake Eng.，Madrid，Spain，1992：1745－1650.

［61］ Cheung Y K，Finite strip method in structural analysis[M]//Pergamon Press，1976.

［62］ 曹志远,张跃勤.地下结构动力计算的双有限条法[J].计算结构力学及其应用,1984,1(4)：13－20.

［63］ Toki K，Sato T. Seismic response analysis of surface layer with irregular boundaries［C]//Proc 6th World Conf on Earthquake Eng.，New Dehli，India，1977，409－415.

［64］ Underwood P，Geer T L. Doule-asymtotic boundary element analysis of dynamic soil-structure interaction[J]. Int J. Solid Struct. ，1981，17：687 - 697.

[65] Mita A，Takanashi W. Dynamic soil-structure interaction analysis by hybrid method [J]. Boundary elements，1983：786 - 795.

[66] Kobayashi S，Kawakami T. Application of BE - FE combined method to analysis of dynamic interaction between structure and viscoelastic soil[J]. Brebbia C. A. ，Maier G. ，eds. Boundary elements，1985，6. 3 - 6. 12.

[67] Gaitanareos P，Karabalis D L. 3 - D flexible embedded machine foundations by BEM and FEM，Recent applications in computational Mechanics. ASCE，New York，1986：81 - 96.

[68] Wolf J P，Darbre G R. Dynamic-stiffness matrix of soil by the boundary element method：embedded foundation［J］. Earthquake Eng. Struct. Dyn. ，1984，12：401 -416.

[69] Chopra A K，Perumalswami P R. Dam-foundation interaction during earthquakes ［C］//Proc. 4th World Conf. Earthq. Eng. ，Santiago，Chile，1969.

[70] 门玉明,黄义. 土-结构动力相互作用问题的研究现状及展望[J]. 力学与实践,2000,22：1 - 7.

[71] 熊建国. 土-结构动力相互作用问题的新进展（Ⅰ）[J]. 世界地震工程,1992(3)：22 - 29.

[72] Finn W D L. Liquefaction potential，developments since 1976［C］. Int. Conf. on Recent Advances in Geotechnical Earthquake Engineering and Soil Dynamics,1981.

[73] 徐志英,沈珠江. 地基液化的有效应力二维动力分析方法[J]. 华东水利学院学报,1981(3)：1 - 14.

[74] 徐志英,周健. 土坝地震孔隙水压力产生、扩散和消散的三维动力分析[J]. 地震工程与工程震动,5(4)：1985.

[75] Celebi M. Seismic response of two adjacent buildings，Ⅰ：data and analysis[J]. J. of Struct. Eng. ，ASCE，119(8)，1993：2461 - 2476.

[76] Celebi M. Seismic response of two adjacent buildings，Ⅱ：interaction[J]. J of Struct. Eng. ，ASCE，1993，119(8)：2477 - 2492.

[77] Sivanovic S. Seismic response of an instrumented reinforced concrete building founded on piles[C]. Proc. 12WCEE，2000，Paper No. 2325.

[78] Celebi M，Safak E. Seismic response of pacific park plaza，Ⅰ：data and preliminary analysis[J]. J. of Struct. Eng. ，ASCE，118(6)，1992：1547 - 1565.

[79] Celebi M，Safak E. Seismic response of pacific park plaza，Ⅱ：system identification ［J］. J. of Struct. Eng. ，ASCE，118(6)，1992：1566 - 1589.

[80] Meli R，Faccioli E. A study of site effects and seismic response of an instrumented

building in mexico city[J]. J. of earthquake Eng. ，1998，2(1)：89 - 111.

［81］ 陈国兴.土体-结构体系地震性能研究[J].哈尔滨建筑工程学院学报,1994，27(5)：11 - 18.

［82］ Hadjian A H，et al. 罗东(台湾)土-结构相互作用大比例模型试验的启示(Ⅰ)[J]. 世界地震工程,谢君斐译,1993(3)：41 - 52.

［83］ Hadjian A H，et al. 罗东(台湾)土-结构相互作用大比例模型试验的启示(Ⅱ)[J]. 世界地震工程,谢君斐译,1993(4)：49 - 59.

［84］ 王松涛,曹资编著. 现代抗震设计方法[M].北京：中国建筑工业出版社,1997.

［85］ 邱法维,钱稼茹,陈志鹏. 结构抗震实验方法[M].北京：科学出版社,2000.

［86］ Tamura S，Suzuki Y，Tsuchiya T，et al. Dynamic response and failure mechanisms of a pile foundation during soil liquefaction by shaking table test with a large-scale[C]// The 12th World Conference on Earthquake Engineering, Auckland, New Zealand, 2000，No. 0903.

［87］ Seismic soil-pile-superstructure interaction[Z]. PEER Center News，1998，1(2).

［88］ 陈跃庆. 结构-地基动力相互作用体系振动台试验研究[D]. 上海：同济大学,2001，6.

［89］ 陈跃庆,黄炜,吕西林. 结构-地基动力相互作用体系的振动台模型试验设计[J].结构工程师,1999 增刊：243 - 248.

［90］ Wolf J P. Soil-structure interaction analysis in time domain［M］. New Jersey：Englewood Cliffs，Prentice-Hall，1988.

［91］ Wolf J P，Obernhuber P. Non-linear soil-structure interaction analysis using dynamic stiffness or flexibility of soil in time domain［Z］. Earthquake Eng. Struct. Dyn. ，1985.

［92］ Luco J E，Wong H L. Seismic response of foundations embedded in a layered half-space[J]. Earthquake Eng. Struct. Dyn. ，1987，15：233 - 247.

［93］ Vogt R F，Wolf J P，Bachmann H. Wave scattering by a canyon of arbitrary shape in a layered half-space[J]. Earthquake Eng. Struct. Dyn. ，16，1988，803 - 812.

［94］ Rosset J M，et al. Soil structure interaction：The status of current analysis methods and research（seismic safety margins research program）［Z］. Lawrence Livemore Laboratory，June，1980.

［95］ 严士超. 结构-(桩)-地基相互作用研究的若干问题[M]//曹志远主编. 结构与介质相互作用理论及其应用. 南京：河海大学出版社,1993.

［96］ Yang Hee Joe，Yong Ⅱ Lee，Sung Pil Chang. Effects of radiational damping in 3 - dimensional soil-structure interaction system with basement uplift［J］. SMIRT 11 Transactions，1991，K：165 - 170.

［97］ 姜文辉. 地震作用下土-结构相互作用的接触面效应研究[D]. 上海：同济大学,2002.

[98] 王瑞民.强震作用下地铁隧道衬砌与土的动力相互作用的分析研究[D].上海：同济大学,1999.

[99] Zienkiewicz O C, Chang C T, Hinton E. Nonlinear seismic response and liquefaction [J]. J. Num. Analytical Methods in Geomech. , 1978.

[100] Ghaboussi J, Dikmen S U. Liquefaction analysis of horizontally layered sands[J]. J. Geot. Eng. Div. ASCE, 1978, 104: 341 – 356.

[101] Finn W D L, Lee K W, Martin G R. An effective stress model for liquefaction[J]. J. Geot. Eng. Div. , ASCE, 1977, 103: 517 – 533.

[102] Simon B R. An analytical solution for the transient response of saturated porous elastic solids[J]. Int. J. Num. Analytical Methods in Geomech. 1984, 8: 381 –398.

[103] Simon B R, Zienkiewicz O C. Evaluation of U – W and U-finite element methods for the dynamic response of saturated porous media using one dimensional model[J], Int. J. Num. Analytical Methods in Geomech. , 1986, 10: 461 – 482.

[104] 阎承大.水下淤砂对流体压波的反射特性与混凝土坝动水压力问题的研究[D].北京：清华大学博士,1989.

[105] 李强.饱和土两相体动力反应分析法及其应用[D].北京：清华大学,1992.

[106] 叶育才,黄宗明,王金海.单层厂房震例及其应用[M].山东：山东科学技术出版社,1991.

[107] Wong H L, Luco J E. Dynamic response of rigid foundation of arbitrary shape[J]. J. Earthquake Eng. Struct. Dyn. , 1976, 4: 576 – 587.

[108] Veletsos A S, Verbic B. Vibration of viscoelastic foundation, J. Earthquake Eng. Struct. Dyn. , 1973(2): 87 – 102.

[109] Ikuo Katayama, Cheng-Hsing Chen, Joseph Penzien, et al. Near-field soil-structure interaction analysis using nonlinear hybrid modeling[J]. SMIRT 10 Transactions. 1989, K, Aug. : 127 – 138.

[110] ANSYS, Inc. ANSYS 技术报告[R]. 1998.

[111] ANSYS, Inc. ANSYS Operation Guide Release 5. 5. SAS IP. 1998.

[112] ANSYS, Inc. ANSYS APDL 使用指南[B]. 2000.

[113] ANSYS, Inc. ANSYS 高级分析技术指南. 2000.

[114] Mizuno H, Iiba M. Shaking table testing of seismic building-pile-soil interaction[J]. Proc. 8WCEE, 1984: 649 – 656.

[115] Tamori S, Kitagawa Y. Shaking table tests of elasto-plastic soil-pile-building interaction system[C]//Proc. 9WCEE, 1988, 8: 843 – 848.

[116] Makris N, Tazok T, Yun X, Fill A. Prediction of the measured response of a scaled soil-pile-superstructure system [J]. Soil Dyn. and Earthquake Eng. , 1997, 16:

113 - 124.

[117] Futaki M. Experiments about seismic performance of reinforced earth retaining wall [J]. Proc. 11WCEE,1996,Paper No. 1083.

[118] Hideto S, Makoto K, Toshio Y. Study on nonlinear dynamic analysis method of pile subjected to ground motion,Part 2:comparison between theory and experiment[C]// Proc 11WCEE, 1996, Paper No. 1289.

[119] Aso T, Uno K, Kitagawa S, Morikawa T. A dynamic model test and analysis of a steel pipe piled well foundation[C]//Proc. 11WCEE, 1996, Paper No. 1085.

[120] 韦晓. 桩-土-桥梁结构相互作用振动台试验与理论分析[D]. 上海:同济大学,1999.

[121] Riemer M, et al. 1 - g modeling of seismic soil-pile-superstructure interaction in soft clay[C]//Proc. 4th Caltrans Seismic Research Workshop, Sacramento, 1996, 7.

[122] Meymand P. Shake table tests:seismic soil-pile-superstructure interaction, PEER Center News, No. 2, 1998, 1:1 - 4.

[123] 楼梦麟,陈清军等. 侧向边界对桩基地震反应影响的研究[R]. 同济大学结构理论研究所研究报告,1999, 7.

[124] 朱伯龙主编. 结构抗震试验[M]. 北京:地震出版社,1989.

[125] 姚振纲等编著. 建筑结构试验[M]. 上海:同济大学出版社,1996.

[126] H. G. 哈里斯编,朱世杰译. 混凝土结构动力模型[M]. 北京:地震出版社,1987.

[127] 胡聿贤,周锡元. 地震工程的跨世纪发展——回顾、展望与建议[C]//第五届全国地震工程学术会议论文集,1998, 10,1 - 9.

[128] Ansys inc.. Modeling and meshing guide[Z]. 1994.

[129] 重塑土特性试验研究报告[R]. 同济大学土动力学实验室,2000, 2.

[130] 朱伯芳. 有限单元法原理与应用[M]. 北京:中国水利水电出版社,1998.

[131] 吕西林,金国芳,吴晓涵编著. 钢筋混凝土结构非线性有限元理论与应用. 上海:同济大学出版社,1997.

[132] 王焕立,应稼年. 土-结构相互作用体系考虑基础可脱开的地震响应分析[J]. 振动与冲击,1997,16卷增刊:195 - 201.

[133] 上海市工程建设规范:地基基础设计规范(DGJ08 - 11 - 1999)[S]. 上海,1999.

[134] 刘学山. 考虑接触问题的黏弹性介质中盾构隧道的抗震分析[D]. 上海:同济大学,2000.

[135] Martin P. P. , Seed H. B. , One-dimensional dynamic ground response analyses[J]. J. of the Geotech. Eng. Div. , ASCE, 1982,108(7):935 - 952.

[136] 王天龙,胡文尧. 上海覆盖土层的地震反应分析[M]//高大钊主编. 软土地基理论与实践. 北京:中国建筑工业出版社,1992:55 - 61.

[137] 黄雨,陈竹昌,周红波. 上海软土的动力计算模型[J]. 同济大学学报,2000(3):

359 - 363.

[138] 周锡元,王广军,苏经宇. 场地·地震·设计地震[M]. 北京：地震出版社,1990.

[139] 金华. 剪切波速统计分析[M]//姚伯英,候忠良主编. 构筑物抗震. 北京：测绘出版社,1990.

[140] 郑金安. 第四系土的地震波速、动模量与深度的统计特征分析[J]. 上海地质,3(3),1982：44 - 53.

[141] Deeks A J, Randolph M F. Axisymmetric time-domain transmitting boundaries[J]. J. of Eng. Mechanics，1994, 120：1, 25 - 42.

[142] Whitham G B. Linear and nonlinear waves[M]. New York：Wiley, 1974.

[143] 吴世明,干钢. 高层结构体系对土-结构动力相互作用的影响[J]. 工程力学,1997 增刊,49 - 60.

[144] 林皋,栾茂田,陈怀海. 土-结构相互作用对高层建筑非线性地震反应的影响[J]. 土木工程学报,1993, 26(4)：1 - 12.

[145] Xilin Lu, Yueqing Chen, Bo Chen, Peizhen Li. Shaking table model test on dynamic soil-structure interaction system[J]. Journal of Asian Architecture and Building Engineering. 2002, 1(1)：55 - 64.

[146] 林皋. 土-结构动力相互作用[J]. 世界地震工程,1991(1)：4 - 21.

[147] 大型模型にょる原子炉建屋と地盘の动的相互作用试验[C]//日本建筑学会大会学术讲演概集,1984 - 1987.

[148] 陈波. 土-桩基-结构动力相互作用体系的模拟及分析[D]. 上海：同济大学,2002.

[149] 周健,白冰,徐建平. 土动力学理论与计算[M]. 北京：中国建筑工业出版社,2001.

[150] 陈国兴,谢君斐,韩炜,张克绪. 土体地震反应分析的简化有效应力法[J]. 地震工程与工程振动,1995,15(2)：52 - 61.

[151] Desai C S. Numerical design-analysis for piles in sands[J]. J. of the Geotech. Eng. Div. , ASCE, 1974，100(GT6)：613 - 635.

[152] 陈国兴,谢君斐,张克绪. 考虑地基土液化影响的桩基高层建筑体系地震反应分析[J]. 地震工程与工程振动,1995,15(4)：93 - 103.

[153] 陈国兴. 土体-结构体系地震性能分析研究[D]. 国家地震局工程力学研究所,1993.

[154] 张克绪. 饱和砂土的液化条件[J]. 地震工程与工程振动,1984,4(1)：101 - 111.

[155] 周健,胡晓燕. 上海软土地下建筑物抗震稳定分析[J]. 同济大学学报,1998,26(5)：492 - 497.

[156] 刘颖,谢君斐等. 砂土震动液化[M]. 北京：地震出版社,1984.

[157] 胡聿贤. 地震工程学[M]. 北京：地震出版社,1988.

[158] 谢君斐,石兆吉,郁寿松,丰万玲. 液化危害性分析[J]. 地震工程与工程震动,1988,8(1)：61 - 77.

［159］ 刘惠珊,张在明.地震区的场地与地基基础[M].北京：中国建筑工业出版社,1994.

［160］ Finn W D L，Byrne P M，Martin G R. Seismic response and liquefaction of sand[J]. Journal of the Geotechnical Engineering Division，ASCE，1976，102（GT8）：841 - 856.

［161］ 沈珠江.饱和砂土的动力渗流变形计算[J].水利学报,1980(2)：14 - 21.

［162］ 黄雨.建筑桩基的竖向抗震性状研究[D].上海：同济大学,1999.

后 记

本书的研究工作是在导师吕西林教授的悉心指导下完成的。导师渊博的学识、严谨求实的治学精神、诲人不倦的工作作风和豁达宽容的人生态度使我受益匪浅,终生难忘。在攻读博士学位期间,无论在学习、科研还是生活方面都得到了导师无微不至的关怀和帮助。在此,谨向吕老师表示衷心的感谢和诚挚的敬意。

试验工作得到了土木工程防灾国家重点实验室振动台试验室卢文胜博士、胡质理高级工程师、方重教授、赵斌博士、曹文清老师、沈剑昊老师、杜芳老师和静力试验室鲁亮博士、曹海老师及该两试验室所有技术人员和工人师傅的帮助和大力支持;土动力学试验室祝龙根教授、卢燕怡老师对模型土动力特性试验给予了大力协助。谨向以上老师表示由衷的谢忱。

在此特别感谢钱江教授对本书工作给予的大力帮助。感谢楼梦麟教授、周德源教授、施卫星教授、陈清军教授和吴晓涵博士对本书工作给予的帮助。感谢马云凤老师、曹阳老师对作者在生活和学习方面给予的关心。感谢研究所全体老师的指导和帮助。

特别感谢课题组的陈跃庆博士和陈波博士,感谢他们对本书工作所做的多次有益讨论以及提供的许多建议和帮助,感谢他们在论文过程中对作者一贯的督促和鼓励。

感谢蒋欢军博士、朱玉华博士、苏锦江博士、李俊兰博士、姬守中博士、张昕博士、杨震博士、李检保博士、刘爱民博士、李学平博士、周定松博士、张之颖博士、马宏旺博士、陈云涛硕士、宣纲硕士、陈小强硕士在学习和工作中给予的关心和帮助。感谢陈慧老师提供的帮助。感谢聂利英博士、池永博士、岳建勇博士、林永国博士、何志军博士、季倩倩博士、赵童博士、黄钟晖博士、谢雄耀博士、秦建庆博士、李建华博士、茆会勇博士、杨人焱硕士等同学真挚的友情。

　　感谢含辛茹苦养育我成长的父母亲，是他们的支持、关怀和鼓励使我能安心、顺利地完成学业。感谢哥哥李培明、姐姐李伟、女友汤晓丽对我始终如一的关爱和支持。

　　感谢并深深祝福所有关心和帮助我的人。

李培振